人工智能技术应用与实训

李 阳 主编

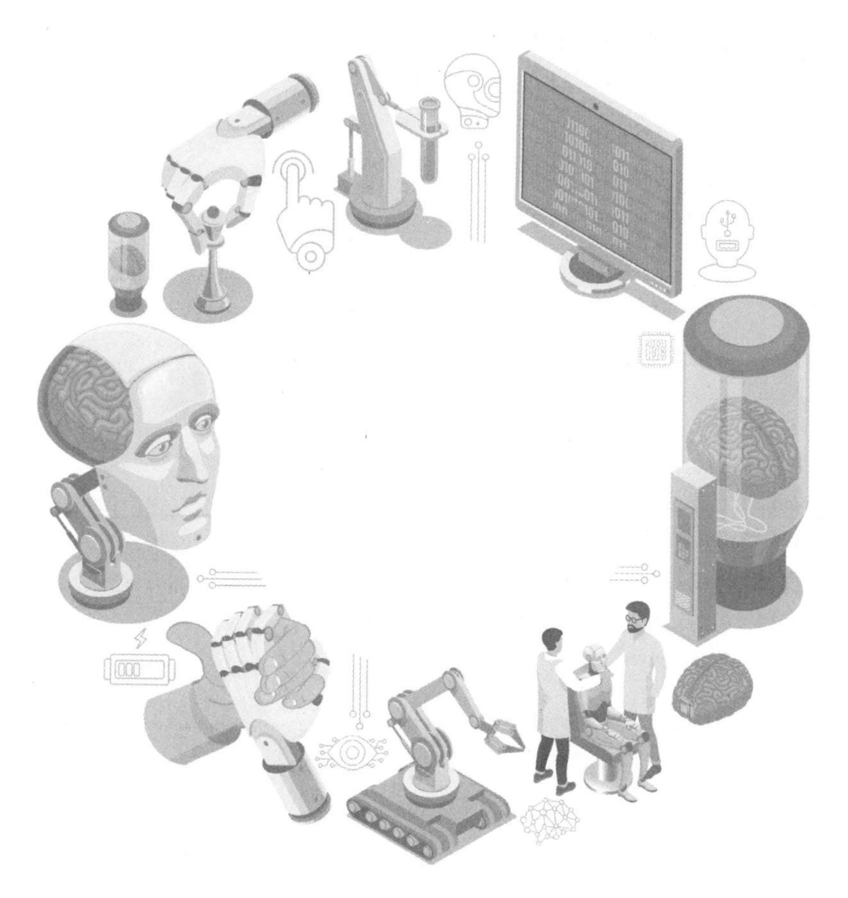

清华大学出版社
北 京

内 容 简 介

本书主要讲解了常见的人工智能应用。其中，项目 1 介绍了人工智能常见的应用场景、相关软件的安装及如何将 TensorFlow 模型部署到安卓端；其他 9 个项目主要介绍了常见人工智能应用场景的实现，每个项目均介绍了当前项目的原理、开发环境，再对当前项目分步骤介绍如何实现，以便于读者的理解。

本书可作为高等院校人工智能技术应用、大数据技术等相关专业的实训教材，也可供对人工智能应用感兴趣的读者自学。

图书在版编目（CIP）数据

人工智能技术应用与实训 / 李阳主编. —北京：清华大学出版社，2023.8（2025.1 重印）
ISBN 978-7-302-64204-6

Ⅰ. ①人…　Ⅱ. ①李…　Ⅲ. ①人工智能　Ⅳ. ①TP18

中国国家版本馆 CIP 数据核字（2023）第 134737 号

责任编辑：郭丽娜
封面设计：曹　来
责任校对：刘　静
责任印制：沈　露

出版发行：清华大学出版社
网　　址：https://www.tup.com.cn, https://www.wqxuetang.com
地　　址：北京清华大学学研大厦A座　　邮　　编：100084
社 总 机：010-83470000　　邮　　购：010-62786544
投稿与读者服务：010-62776969，c-service@tup.tsinghua.edu.cn
质量反馈：010-62772015，zhiliang@tup.tsinghua.edu.cn
课件下载：https://www.tup.com.cn, 010-83470410
印 装 者：三河市龙大印装有限公司
经　　销：全国新华书店
开　　本：185mm×260mm　　印　　张：12　　插　　页：2　　字　　数：297千字
版　　次：2023年8月第1版　　印　　次：2025年1月第2次印刷
定　　价：49.00元

产品编号：101062-01

数据增强后的图像

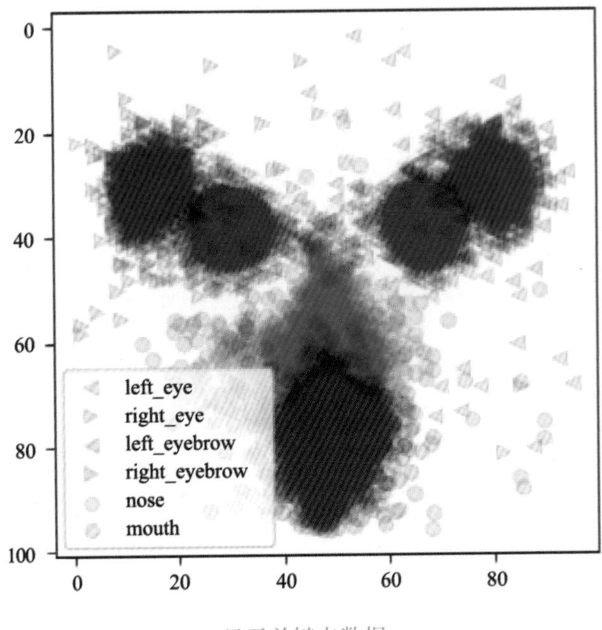

显示关键点数据

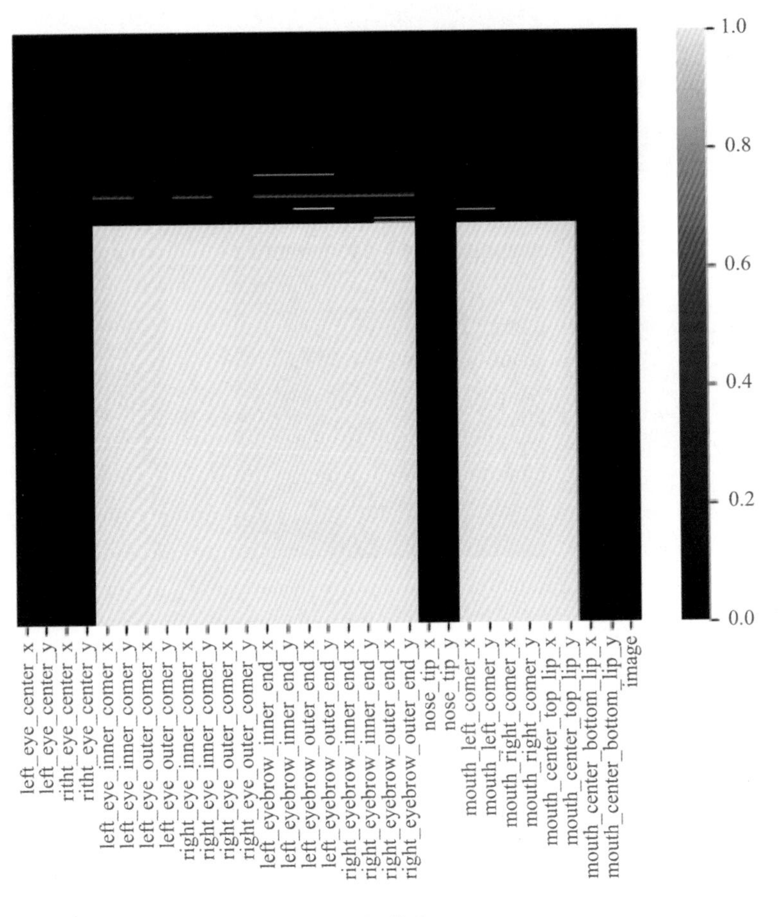

数据信息

预测关键点

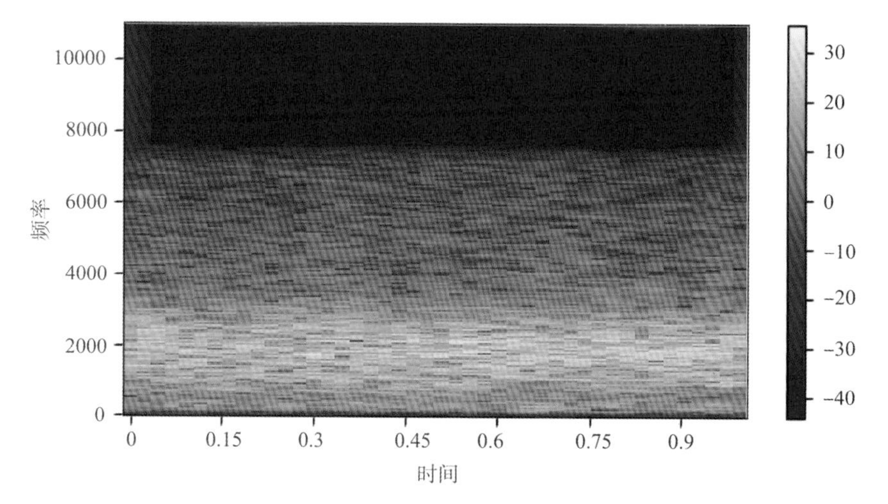
10000
8000
6000
4000
2000
0
频率
0
0.15
0.3
0.45
0.6
0.75
0.9
时间
30
20
10
0
−10
−20
−30
−40

音频频谱图

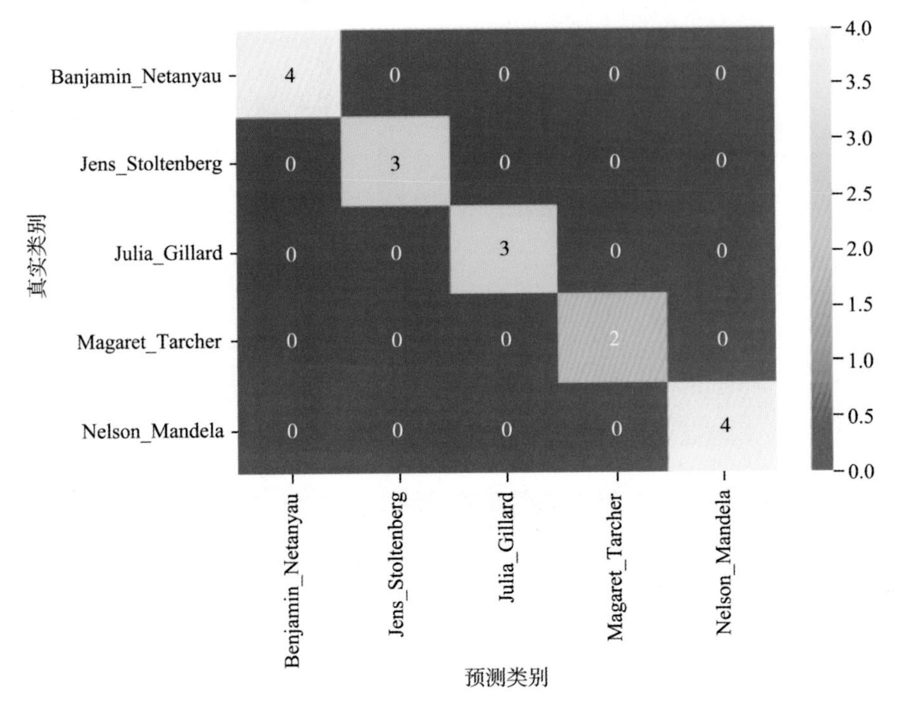

模型混淆矩阵

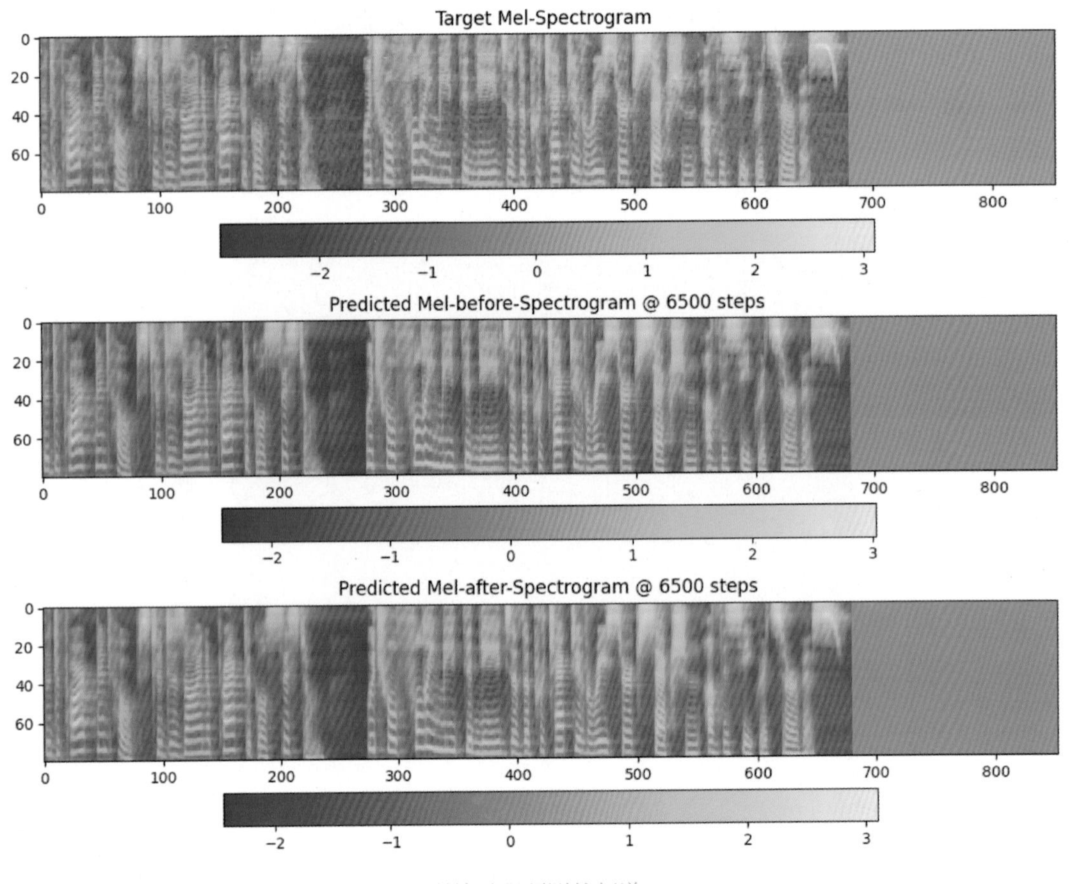

训练过程预测的频谱

前言

Preface

党的二十大报告指出“教育、科技、人才是全面建设社会主义现代化国家的基础性、战略性支撑”，这为我国科技创新和人工智能技术应用的发展提出了新的要求和目标。本书紧扣国家战略、国家育人方针和党的二十大精神，旨在帮助读者深入理解人工智能技术，并在实际操作中掌握其应用技巧，推进数字化、智能化、网络化、信息化的发展进程，为推动高质量发展做出新的贡献。

本书内容涵盖了人工智能的多个方面，涉及“图像分类”“汽车检测”“人脸关键点检测”“语音助手”“声纹识别”“语音合成”“异常流量检测”“文本情感分析”及“家庭用电量预测”等多个领域。

本书共分为 10 个项目。每个项目包括多个任务和步骤，从理论到实践，从数据准备到模型训练，讲解如何利用人工智能技术解决实际问题。通过学习本书，读者可以初步掌握常见的人工智能技术和工具，能够独立完成人工智能项目的设计、实现和部署。

项目 1 介绍人工智能的基本概念和常见应用，以及在 Windows 系统下安装人工智能开发所需基础软件的过程；项目 2 介绍图像分类的基本概念和方法，并通过动手操作完成图像分类系统的搭建和实现；项目 3 介绍目标检测技术和 YOLOv5 的原理与应用，并完成基于 YOLOv5 的汽车检测系统的环境搭建和实现；项目 4 介绍人脸关键点检测技术，并通过实践完成人脸关键点检测系统的搭建和实现；项目 5 介绍语音识别的基本原理和方法，并完成智能语音助手系统的搭建和实现；项目 6 介绍声纹识别技术，并完成声纹识别系统的搭建和实现；项目 7 介绍语音合成系统的原理和实现，并完成语音合成系统；项目 8 介绍异常流量检测的基本方法和技术，并使用人工智能方法对异常流量进行检测；项目 9 介绍文本情感分析的数据处理和建模方法；项目 10 探索家庭用电量预测的实现方式和技术方案。本书还介绍了一些人工智能常用的工具和框架，如 TensorFlow、Keras 和 scikit-learn 等，帮助读者更好地理解和实践人工智能项目。另外，本书所有的项目均在Windows 10 64位专业版操作系统下实现。

在编写本书的过程中，编者参考了相关资料和著作，在此向相关作者表示由衷的感谢。此外，由于编者水平和时间有限，书中难免有错误和不足之处，恳请广大读者批评、指正。

编　者

2023年5月

本书源代码

本书用到的数据集

目 录

Contents

项目 1　初识人工智能 …… 1

任务 1-1　认识人工智能常见应用 …… 2

任务 1-2　在 Windows 系统下安装基础软件 …… 5

任务 1-3　在 Android 端部署 TensorFlow …… 9

项目 2　图像分类系统 …… 16

任务 2-1　完成图像分类系统的环境搭建 …… 17

任务 2-2　实现图像分类系统 …… 20

项目 3　汽车检测系统 …… 37

任务 3-1　完成目标检测系统的环境搭建 …… 38

任务 3-2　实现汽车检测系统 …… 45

项目 4　人脸关键点检测系统 …… 52

任务 4-1　完成关键点检测系统的环境搭建 …… 53

任务 4-2　实现人脸关键点检测系统 …… 56

项目 5　语音识别系统 …… 72

任务 5-1　完成语音识别系统的环境搭建 …… 73

任务 5-2　实现语音识别系统 …… 76

项目 6 声纹识别系统 ······ 89

任务 6-1 完成声纹识别系统的环境搭建 ······ 90

任务 6-2 实现声纹识别系统 ······ 92

项目 7 语音合成系统 ······ 108

任务 7-1 完成语音合成系统的环境搭建 ······ 109

任务 7-2 实现语音合成系统 ······ 112

项目 8 异常流量检测系统 ······ 123

任务 8-1 完成异常流量检测系统环境搭建 ······ 124

任务 8-2 实现异常流量检测系统 ······ 126

项目 9 文本情感分析系统 ······ 144

任务 9-1 完成文本情感分析系统的环境搭建 ······ 145

任务 9-2 完成文本情感分析系统 ······ 147

项目 10 家庭用电量预测系统 ······ 170

任务 10-1 完成家庭用电量预测系统的环境搭建 ······ 171

任务 10-2 实现家庭用电量预测系统 ······ 173

参考文献 ······ 186

初识人工智能

项目导读

人工智能（artificial intelligence，AI）是计算机科学领域的一种技术分支，专门研究、开发用于模拟、扩展和延伸人的智能的理论、方法、技术和应用。本项目内容涵盖人工智能的原理和常见应用、人工智能相关软件的安装、TensorFlow在移动端（本书介绍的是安卓端）的部署。

知识目标

了解人工智能的原理及应用。

能力目标

掌握常见基础软件安装的过程；掌握TensorFlow在移动端的部署过程。

素质目标

掌握人工智能技术的基本原理和应用，了解人工智能的技术发展现状，提高科学素养和科技创新能力。

项目重难点

工作任务	建议学时	重难点	重要程度
任务 1–1　认识人工智能常见应用	1	了解人工智能	★★☆☆☆
		了解计算机视觉	★★☆☆☆
		了解自然语言处理	★★☆☆☆
		了解语言信号处理	★☆☆☆☆
		了解网络流量监测	★☆☆☆☆
		了解数据预测	★☆☆☆☆
任务 1–2　在 Windows 系统下安装基础软件	1	安装 Visual Studio	★☆☆☆☆
		安装 CUDA	★★★☆☆
		安装 CuDNN	★★★☆☆
		安装 Anaconda	★★☆☆☆
任务 1–3　在 Android 端部署 TensorFlow	2	安装 Android Studio	★★★☆☆
		安装 Android SDK、NDK	★★★☆☆
		生成、安装 APK	★★★☆☆

任务 1–1　认识人工智能常见应用

任务要求

本任务要求读者深入了解人工智能在特定领域的应用场景，包括当前的应用情况、发展趋势、优势和不足等。通过调查研究，读者可以对人工智能在不同领域的实际应用情况有一个全面、客观的了解。

知识准备

1. 人工智能概述

人工智能是研究、开发用于模拟、延伸和扩展人的智能的理论、方法、技术及应用系统的一种技术。人工智能技术有很多不同的分支，如计算机视觉、机器翻译、自然语言处理、语音信号处理、网络流量监测、数据预测和强化学习等。这些技术通过使用大量数据和算法，模拟人类智慧，实现更快、更准确、更智能的信息处理和决策。

人工智能的发展需要多学科交叉的研究，包括数学、计算机科学、心理学、神经科学等。目前，人工智能技术已经广泛应用于各个领域，如智能家居、智能医疗、

智能交通、智能金融等。随着技术的不断发展，人工智能将继续改变我们的生活和工作方式。

（1）计算机视觉

计算机视觉（computer vision，CV）研究如何使计算机可以理解和分析图像信息。其目标是通过计算机模拟人类视觉系统，以实现自动识别、理解和分析图像内容的能力。

计算机视觉包括多个子领域，如图像处理、目标检测、语义分割、图像识别、三维重建等。在图像处理方面，研究如何对图像进行预处理、去噪、分割、亮度增强等操作；在目标检测方面，研究如何快速准确地识别图像中的物体；在语义分割方面，研究如何对图像进行语义分割，将图像中的不同区域分配不同的标签；在图像识别方面，研究如何将图像识别为特定的类别或对象；在三维重建方面，研究如何从二维图像中重建出三维环境。

计算机视觉技术广泛应用于多个领域，如自动驾驶、图像识别、智能家居、医疗影像分析、安防监控、游戏制作、工业视觉检测等。

（2）自然语言处理

自然语言处理（natural language processing，NLP）致力于模拟人类使用语言与计算机进行交互的能力。NLP 包括语音识别、文本分析、语义分析、机器翻译等多项技术。语音识别技术可以将语音转换为文本，文本分析技术可以对文本进行词汇分析、语法分析、情感分析等；语义分析技术可以理解语句的含义；机器翻译技术可以将一种语言翻译成另一种语言。NLP 在多个领域有着广泛的应用，如搜索引擎、聊天机器人、语音助手、智能客服系统、文本摘要、新闻分类等。随着计算机技术和语言模型的不断提高，NLP 的应用越来越广泛，有助于提高人与计算机之间的交互效率和质量。

（3）语音信号处理

语音信号处理是指对语音信号进行的一系列技术处理。语音信号处理涵盖了多个领域，如语音识别、语音合成、语音增强等。语音识别技术可以将语音转换为文本；语音合成技术可以将文本转换为语音；语音增强技术可以提高语音质量，如降噪、增强对比度等；语音语言模型则可以改善语音识别的准确性。语音信号处理在多个领域有着广泛的应用，如语音识别、语音助手、智能客服系统、语音合成等。随着计算机技术和语音技术的不断提高，语音信号处理也在不断提高，有助于提高人与计算机之间的交互效率和质量。

（4）网络流量监测

网络流量监测是指对网络中的数据流量进行实时监控和分析的技术。它可以用于监测网络状态、诊断网络问题、提高网络效率等。

网络流量监测通常包括以下 3 个方面的工作。

① 数据收集：通过网络设备或软件代理收集网络流量数据。

② 数据分析：对收集的数据进行分析，如统计流量速率、识别网络拥堵情况等。

③ 报警：当网络流量超出预定的阈值时，发出警报，提醒管理员处理。

网络流量监测可以帮助企业提高网络效率，降低网络故障率，提高网络安全性，并有助于企业对网络资源进行有效管理。

（5）数据预测

数据预测是一种利用历史数据和统计学方法来预测未来数据趋势的技术。它广泛应用于商业、经济、金融、生产、制造等领域。数据预测是人工智能的一个重要应用领域，广泛应用于各个行业，如金融、医疗、市场营销、物流等。人工智能技术，特别是机器学习和深度学习算法，可以通过分析大量数据来预测未来的趋势，并进行决策支持。例如，基于机器学习的销售预测系统可以通过分析销售数据，预测未来的销售额和客户需求，并为公司的生产和销售计划提供决策支持。因此，人工智能技术为数据预测提供了有力的技术支持，极大地提高了数据预测的准确性和效率。

2. 人工智能项目开发流程

人工智能项目的开发流程如图 1-1 所示。

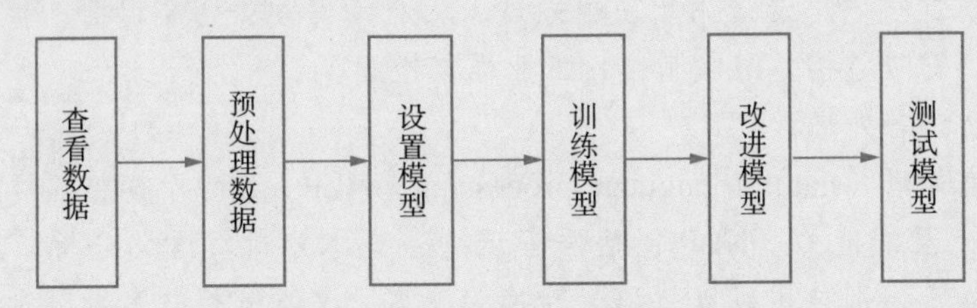

图 1-1　人工智能项目开发流程

图 1-1 中各环节的具体内容如下。

（1）查看数据：了解数据的内容、结构和特征，为后续的数据处理和训练模型做好准备。

（2）预处理数据：在将数据输入模型之前对数据进行处理和转换的过程。数据预处理是模型训练的关键步骤之一，它可以对数据进行清洗、标准化、归一化、降噪、增强等操作，以提高模型的性能和鲁棒性。

（3）设置模型：设置模型的结构、参数和超参数。定义模型的层次结构、设置模型的激活函数、选择损失函数和优化器等。

（4）训练模型：使用加载的数据和设置好的模型进行模型的训练。

（5）改进模型：根据模型的训练结果和性能评估的反馈进行模型的改进。调整模型的超参数、尝试不同的模型结构、优化模型的训练策略等，以提高模型的性能和泛化能力。

（6）测试模型：使用测试数据对经过训练和改进的模型进行评估。根据测试结果，可以进一步优化模型或者做出其他决策。

任务实施

步骤 1　确定调查主题。

了解人工智能应用需要先明确调查的主题，如人工智能在医疗、金融、教育、交通等领域的应用场景。

步骤 2　确定调查方法。

根据调查的主题和目的，选择合适的调查方法。例如，可以采用问卷调查、面访、访谈、案例研究等多种方法。

步骤 3　调查数据采集。

根据调查方法和问卷或面访指南，进行调查数据的采集。可以通过在线调查、师生讨论等方式。

步骤 4　整理与分析。

对采集到的调查数据进行整理和分析，包括数据的清洗、编码、统计和可视化等处理，从而得出客观的调查结论。

步骤 5　撰写调查报告。

根据调查的目的和结果，撰写调查报告。

步骤 6　汇报和交流。

在报告提交后，进行汇报和解释的环节。

任务 1-2　在 Windows 系统下安装基础软件

任务要求

本任务要求读者能够在 Windows 系统下进行人工智能常用软件的安装。这些软件主要包括 Visual Studio、CUDA（compute unified device architecture）、CuDNN（CUDA deep neural network）、Anaconda 等，它们是学习人工智能的基础，项目 2~10 都要依赖于这些软件。

知识准备

1. Visual Studio

Visual Studio 是由 Microsoft 公司开发的一款集成开发环境（integrated development environment，IDE），用于创建和开发各种类型的应用程序，包括桌面应用程序、Web 应用程序、移动应用程序、云应用程序等。它是一款功能强大的开发工具，广泛用于各种编程语言和平台的应用程序开发。

2. CUDA

CUDA 是英伟达（NVIDIA）公司推出的一种高效并行计算架构和编程模型，旨在加速科学、工程、深度学习等领域的计算密集型应用。它支持 C、C++ 等多种编程语言，允许开发人员利用图形处理单元（graphics processing unit，GPU）作为一个并行计算引擎，从而提高程序的运行速度。CUDA 可以把 GPU 作为一种高效的计算平台，使用并行算法加速普通应用程序的运行。它可以在 Windows、Linux、macOS 等多个操作系统上运行，应用于深度学习、图像处理、科学计算、工程计算等多个领域。

3. CuDNN

CuDNN 是 NVIDIA 公司为加速深度神经网络训练提供的一个高效的 GPU 加速库。CuDNN 提供了针对常见深度学习算法（如卷积神经网络）优化的高效 GPU 实现，可以帮助开发人员在尽可能短的时间内训练更复杂的模型。

CuDNN 是基于 NVIDIA 的 CUDA 技术构建的，需要先安装 CUDA，然后安装 CuDNN。它可以极大地加速深度学习模型的训练，让开发人员更快地了解模型的效果，并加速模型的改进。

4. Anaconda

Anaconda 是一个开源的数据科学和机器学习平台，它提供了一个环境管理和包管理工具，可以方便用户安装和维护多个版本的 Python 和其他科学计算软件包。

任务实施

步骤 1　安装 Visual Studio。

Visual Studio 可以用于编译 C++ 程序，经常用于人工智能中，接下来介绍它的安装方法。首先，从官网下载在线安装包，如图 1-2 所示，这里选用的是 Visual Studio 2017；然

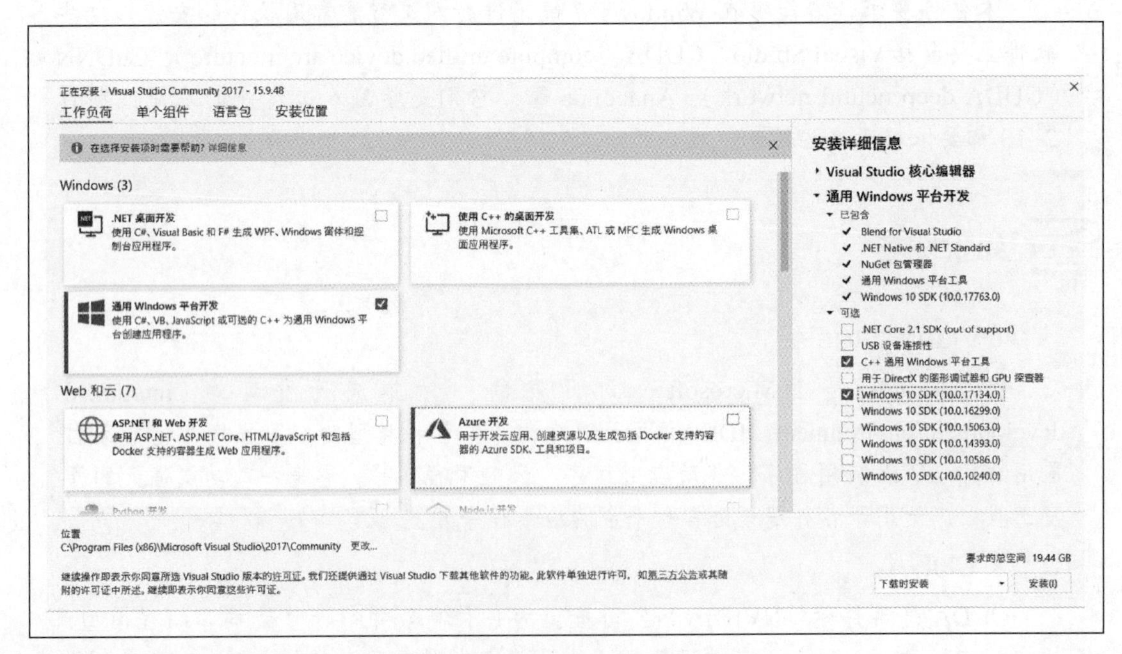

图 1-2　Visual Studio 2017 安装界面

后，在安装时，选择 Windows 10 SDK 和 C++ 都通用的“通用 Windows 平台开发”的 Windows 版本进行安装，其他则选择默认选项即可。

步骤 2　安装 CUDA。

在安装 CUDA 之前，先要安装好显卡驱动及 Visual Studio。如本地操作系统是 Windows 10 64 位，则对应各安装要求分别选择 Windows 10、x86_64、10、exe（local），如图 1-3 所示。

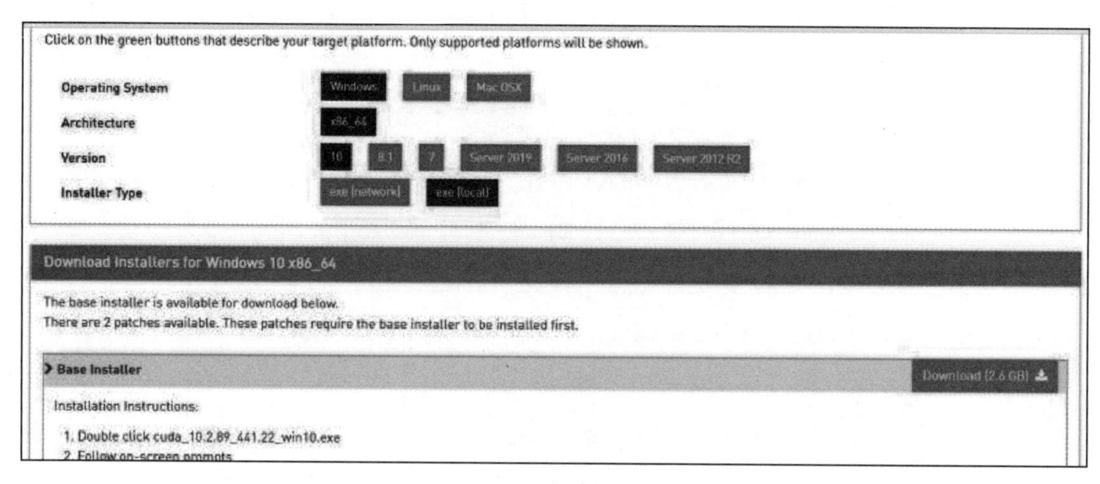

图 1-3　CUDA 10.2 下载页面

下载完成后直接双击 .exe 文件进行安装。在安装时不需要安装显卡驱动及 3D 组件，如图 1-4 所示。

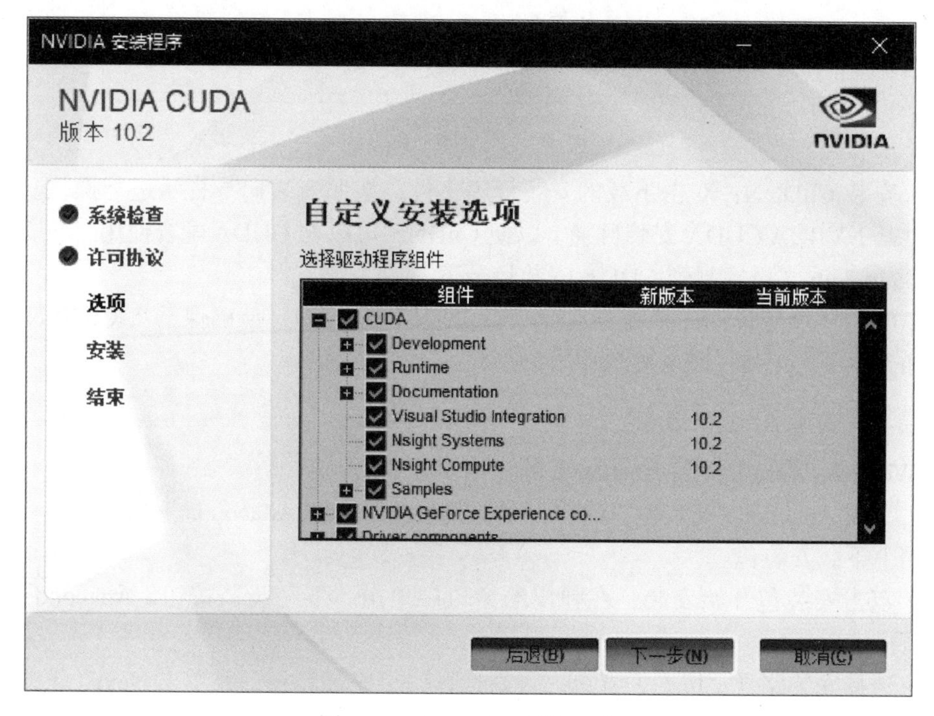

图 1-4　CUDA 10.2 安装界面

步骤 3　安装 CuDNN。

在 Windows 环境下安装 CuDNN 的步骤如下。

（1）前期准备：在安装 CuDNN 之前，需确保已经在计算机上安装了 NVIDIA CUDA 开发工具包。

（2）下载 CuDNN：访问 NVIDIA 官方网站，下载最新版本的 CuDNN，如图 1-5 所示。注意需要注册账户并登录才能下载 CuDNN。

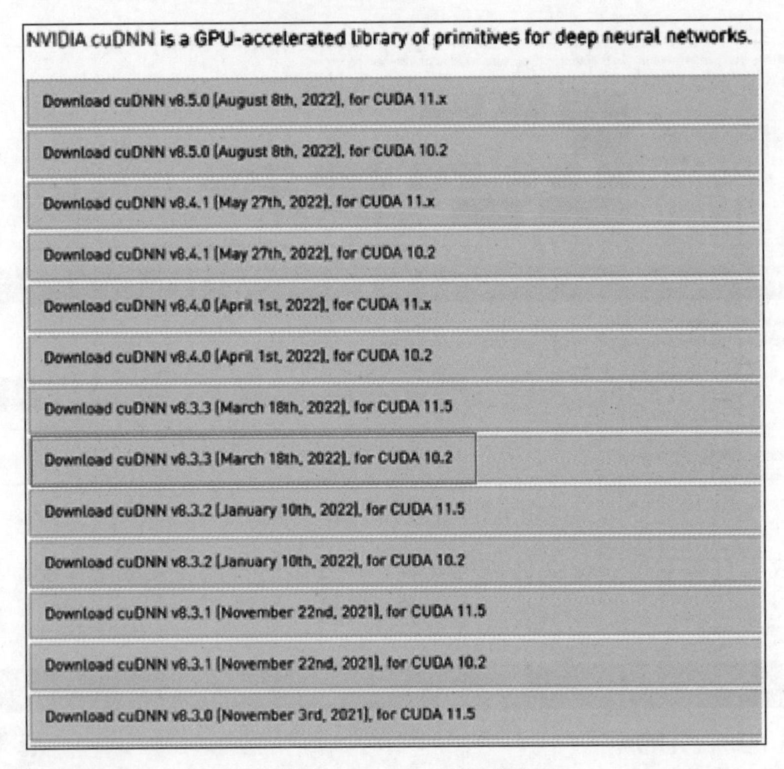

图 1-5　CuDNN 下载页面

（3）安装 CuDNN：双击下载的安装程序文件，按照安装向导提示进行操作。开发者需要提供其 NVIDIA CUDA 安装目录，以便 CuDNN 可以与 CUDA 配合使用，将文件中的 bin、include、lib 文件复制到 CUDA 安装目录下。

（4）配置环境变量：如果需要在命令行中使用 CuDNN，请确保已将 CuDNN 的安装目录添加到系统的 PATH 环境变量中。

步骤 4　安装 Anaconda。

在 Windows 系统中安装 Anaconda 的详细步骤如下。

（1）下载 Anaconda 安装包：前往官网下载最新版本的 Anaconda 安装包，也可以在清华源官网上下载安装包。

（2）双击安装包开始安装，在弹出的窗口中单击“下一步”按钮，Anaconda 安装会自动进行。

（3）选择安装路径：按开发者个人喜好选择一个安装路径，并单击 Next（下一步）按钮，如图 1-6 所示。

（4）选择安装类型：选择默认的“完全安装”，然后单击“下一步”按钮。

（5）安装配置：选择默认的配置选项，并单击“下一步”按钮。

（6）安装完成：单击“完成”按钮，Anaconda 安装完成。

（7）检验安装：打开命令行，输入 conda list 检验 Anaconda 是否安装成功。

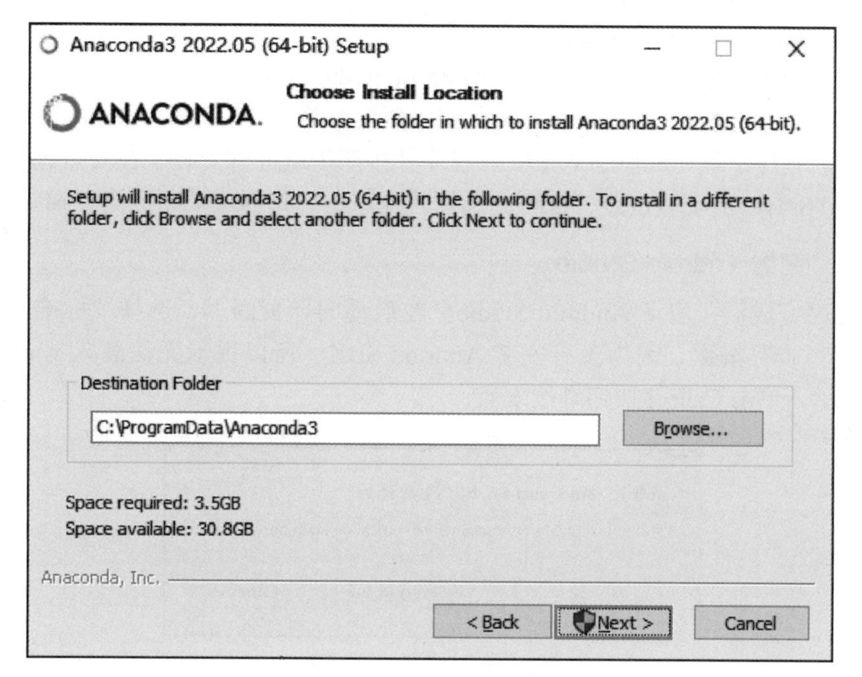

图 1-6 Anaconda 安装界面

任务 1-3 在 Android 端部署 TensorFlow

任务要求

此任务要求读者能够将训练好的模型部署到移动端（Android 端）设备中。

知识准备

TensorFlow 在移动端（Android 端）的部署过程可以使开发者能够将机器学习模型应用到移动设备上，从而提供更好的用户体验和功能。在部署过程中需要使用 Andriod Studio，它是一种由 Google 开发的集成开发环境（integrated development environment，IDE），用于创建和开发 Android 应用程序。它是 Android 应用程序开发的官方 IDE，提供了丰富的功能和工具，用于设计、编码、调试和测试 Android 应用程序。

任务实施

步骤 1　安装 Android Studio。

Andriod Studio 的关键安装步骤如下。

（1）从 Android Studio 官网下载安装程序。

（2）在下载页面上，单击 Download Android Studio 按钮。

（3）在打开的“Android Studio 安装向导”页面中单击“下载”按钮，下载安装程序。

（4）安装程序下载完成后，双击安装程序并按照提示进行安装。在安装过程中，可以选择 Android Studio 的安装位置，也可以选择其他选项，如创建桌面快捷方式。

步骤 2　配置 Android Studio。

安装程序完成后，启动 Android Studio。在启动向导页面上，选择“标准”选项，然后单击“下一步”按钮。因为没有安装 Andriod SDK，所以提示无法载入 Andriod SDK，如图 1-7 所示，单击 Cancel 按钮继续安装。

安卓 SDK 和 NDK

图 1-7　SDK 提示

选择 Andriod SDK 的版本进行安装，如图 1-8 所示。

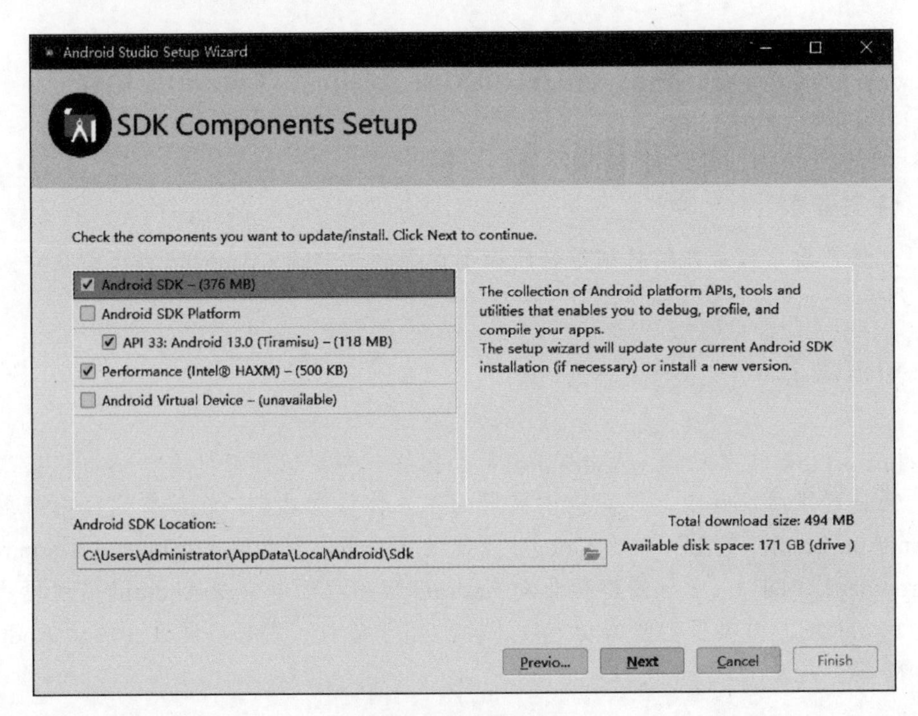

图 1-8　Andriod SDK

步骤 3　下载 Android SDK、NDK。

打开 Android Studio，单击 Customize 选项卡，再单击 All settings 选项卡，如图 1-9 所示。

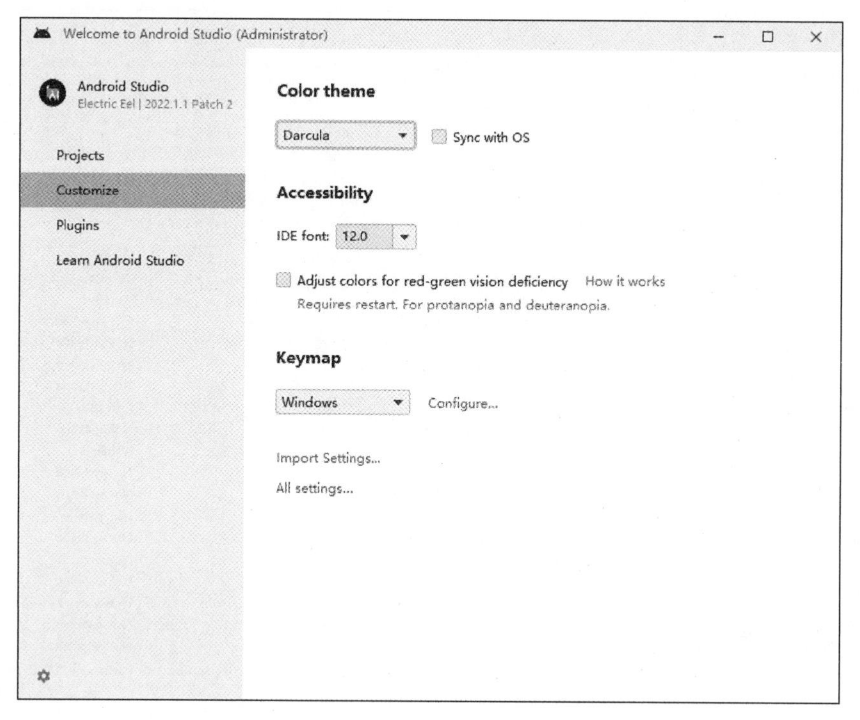

图 1-9　选择设置

根据实际情况选择需要安装的 Android 版本，这里选择 8.0 至 12L 的版本，如图 1-10 所示，可以保证满足绝大多数 Android 端设备的要求。

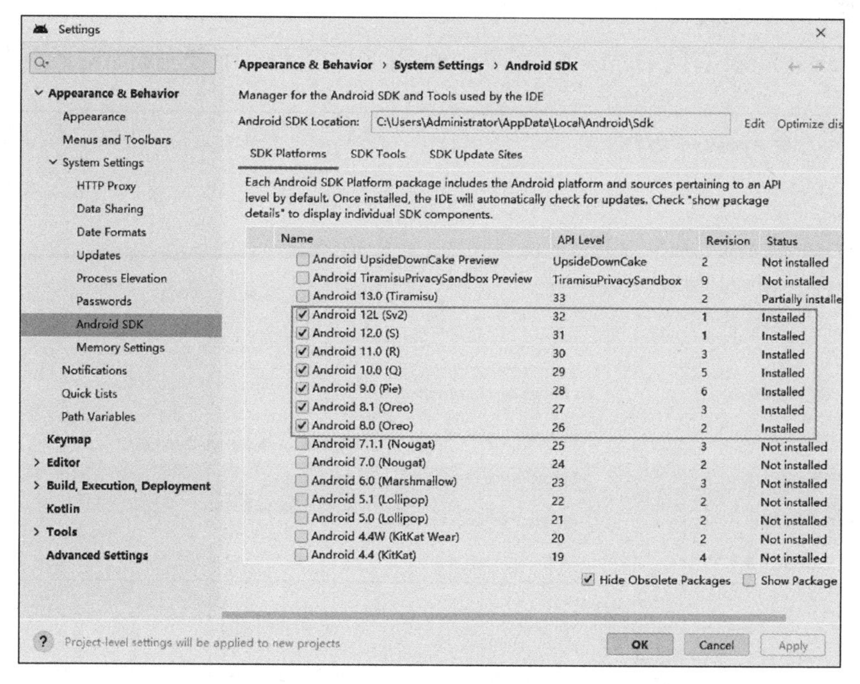

图 1-10　选择 Android SDK

Android SDK 安装完成后，单击 SDK Tools 选项卡，勾选 NDK（side by side）复选框进行安装，其他组件按照默认选项，如图 1-11 所示。

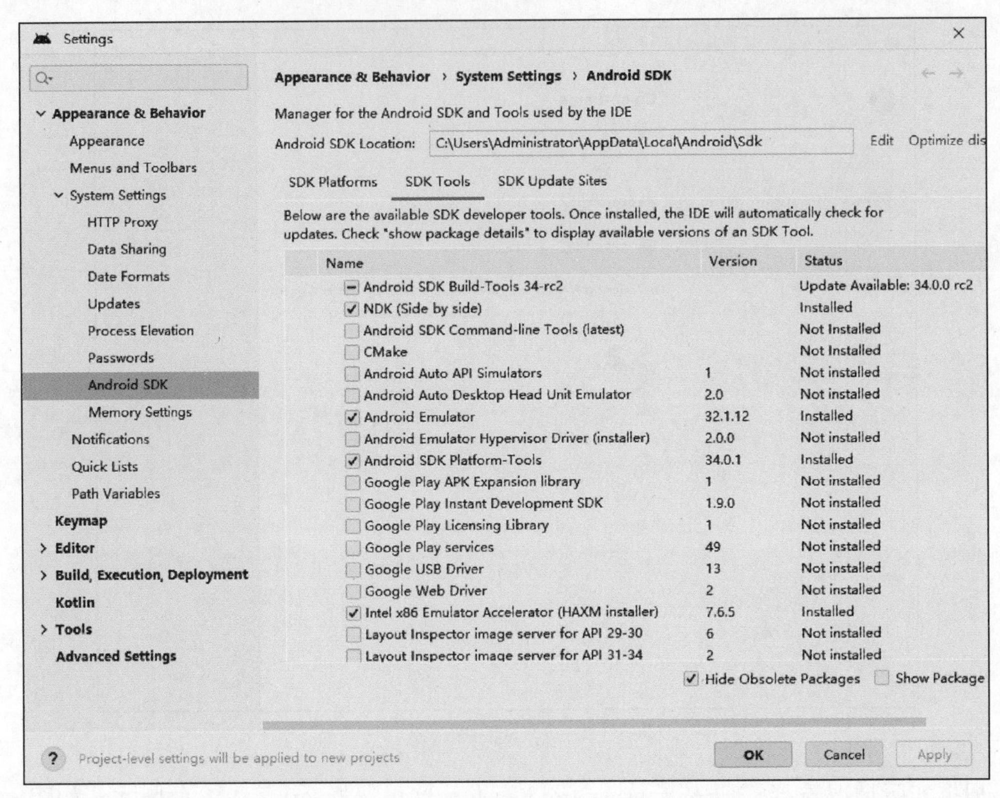

图 1-11　选中 NDK（side by side）复选框

步骤 4　下载配置 TensorFlow Demo。

打开 TensorFlow 官网 Demo 下载页面，如图 1-12 所示。下载完成后解压至桌面。

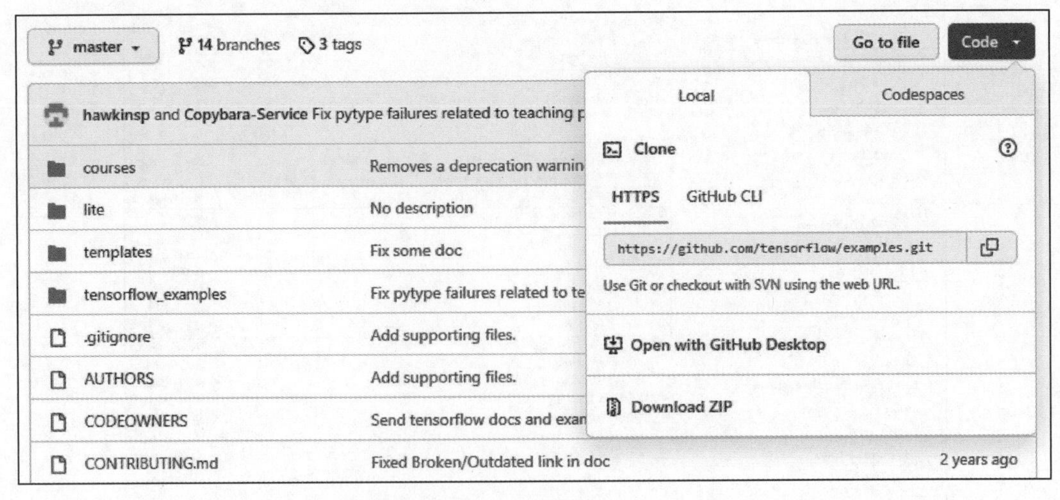

图 1-12　TensorFlow 的 Demo 下载页面

然后，使用 Android Studio 打开 examples-master\lite\examples\object_detection\ 中的

Android 项目。打开后，系统会自动进行同步（Sync）操作，此操作需要的时长为 2 小时左右。在此步骤中可能会发生部分库没有下载安装成功的情况，需要重新选择下载安装，安装界面如图 1-13 所示。

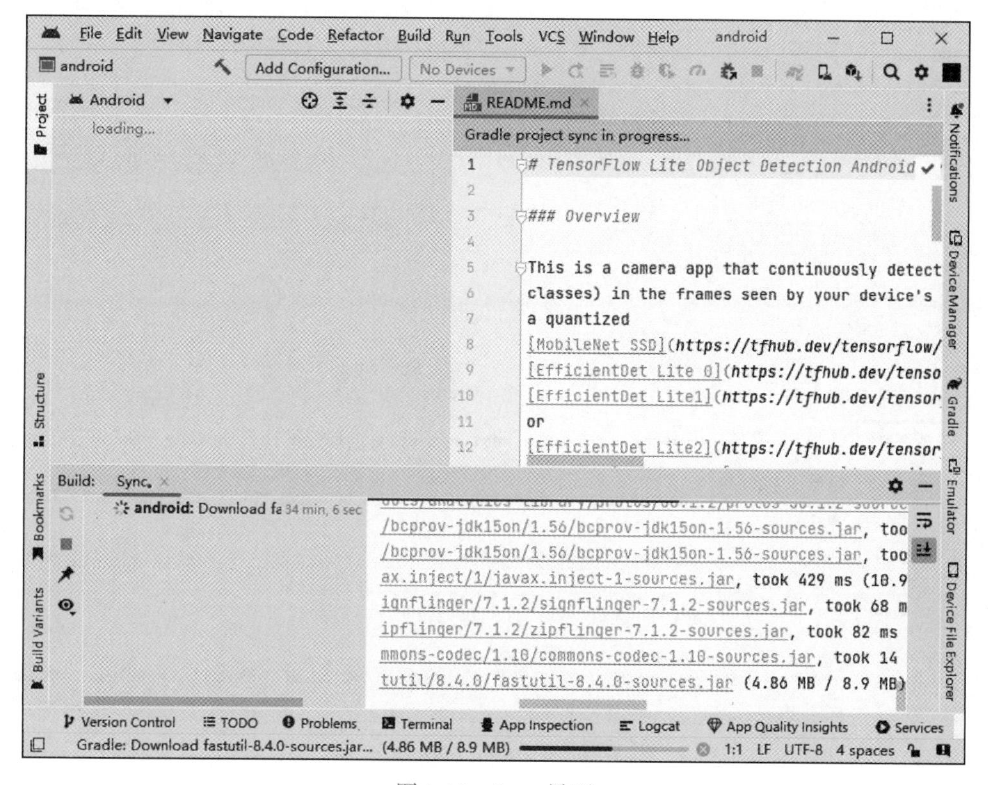

图 1-13　Sync 界面

同步完成后，依次单击 Build → build bundle(s)/APK(s) → Build APK(s) 命令，如图 1-14 所示，Build 成功后界面如图 1-15 所示。

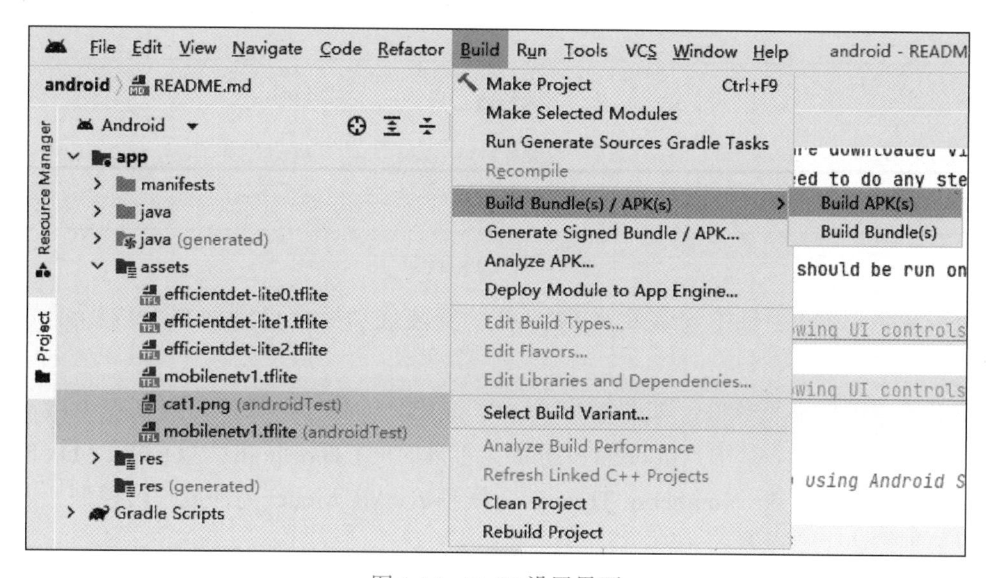

图 1-14　Build 设置界面

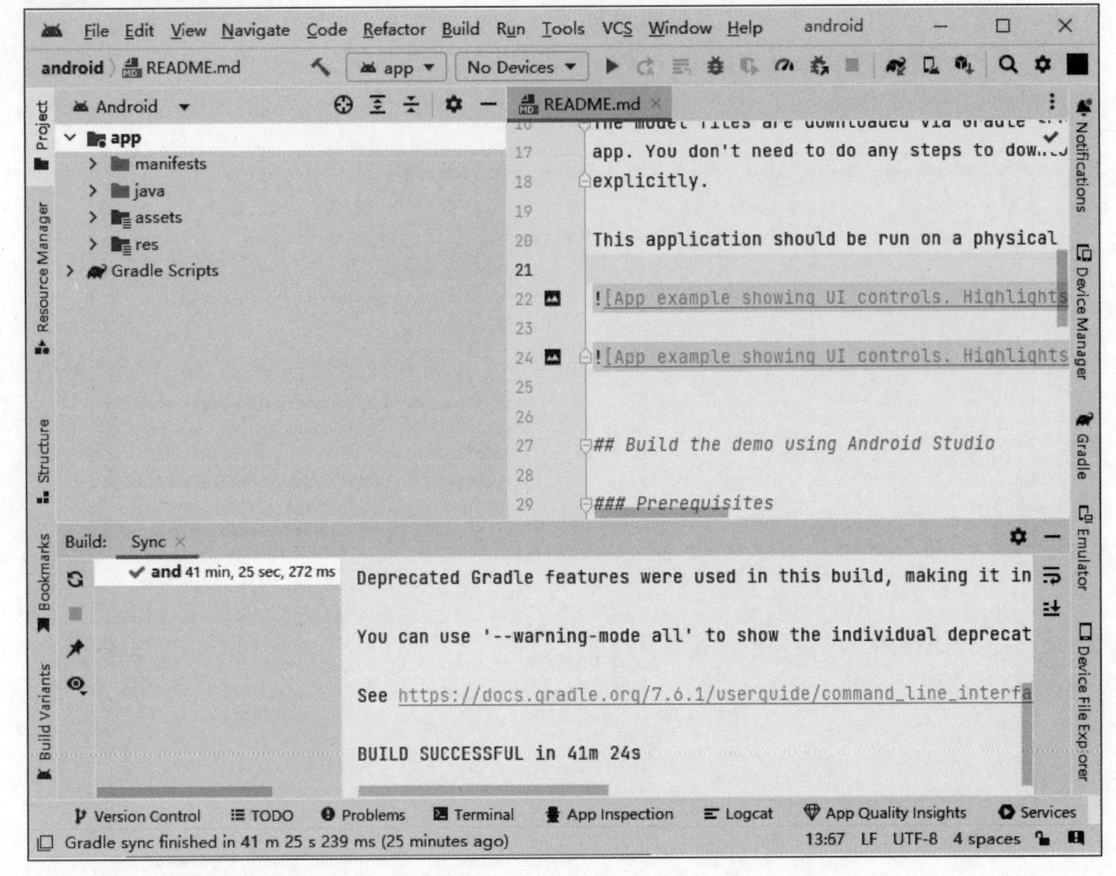

图 1-15　Build 成功界面

步骤 5　安装测试 APK。

（1）在目录 examples-master\lite\examples\object_detection\android\app\build\intermediates\apk\debug 下找到 Build 后的 APK 文件，如图 1-16 所示。

名称	修改日期	类型	大小
app-debug.apk	2023/3/30 12:24	APK 文件	50,155 KB
output-metadata.json	2023/3/30 12:24	JSON 文件	1 KB

图 1-16　APK 目录

（2）在 Android 手机中安装此 APK 文件，安装成功后会得到如图 1-17 所示的软件图标。

（3）单击图标运行软件，如图 1-18 所示，检测到的物体会被框出并在左上角显示物体类别名称和置信度。其中，Inference Time 为推理时间；Threshold 为置信度；Max Results 为显示最大的物体个数；Number of Threads 为线程数；ML Model 为深度学习模型，以上参数可以根据需要进行设置。

图 1-17 TFLite 图标

图 1-18 TFLite 检测页面

◈ 学 习 评 价 ◈

任务评价表

任务名称	任务详情	评价要素	分值	评价主体		
				学生自评	小组互评	教师点评
在 Windows 10 系统下安装基础软件	安装 Visual Studio 2017	是否安装成功	5			
	安装 CUDA	是否安装成功	10			
	安装 CuDNN	是否安装成功	10			
	安装 Anaconda	是否安装成功	15			
在 Android 端部署 TensorFlow	安装 Android Studio	是否安装成功	5			
	安装 SDK、NDK	是否安装成功	15			
	配置 Demo、Build APK	是否安装成功	20			
	移动端安装测试	是否安装成功	20			

图像分类系统

项目导读

图像分类是目标检测、图像分割、实例分割、行为分析等高层次计算机视觉任务的基础，可以应用于很多领域，如人脸识别、行为识别、遥感图像分类等。图像分类的目的是将图像数据分到若干类别中，以实现对图像内容的识别。项目将介绍如何实现一个图像分类系统。

知识目标

了解卷积神经网络（convolution neural network，CNN）工作机制；掌握基于CNN的图像分类系统环境的搭建；理解图像分类的过程。

能力目标

搭建CNN网络并对图像进行分类，理解过拟合并解决过拟合问题。

素质目标

具备创新思维和解决问题的能力，能够通过实践探索如何优化算法、提高模型准确性，以及将图像分类到实际问题中解决难题，培养创新思维和创新精神。

项目重难点

工 作 任 务	建议学时	重 难 点	重要程度
任务 2-1 完成图像分类系统的环境搭建	1	了解图像分类	★★☆☆☆
		了解图像分类常见方法	★★☆☆☆
		完成图像分类系统的环境搭建	★★☆☆☆
任务 2-2 实现图像分类系统	3	完成数据准备	★★☆☆☆
		使用 Keras 装载数据	★★★☆☆
		设置网络模型	★★☆☆☆
		训练网络模型和输出结果	★★★☆☆
		使用数据增强和 Dropout	★★☆☆☆
		测试模型	★★★☆☆

任务 2-1 完成图像分类系统的环境搭建

任务要求

在此任务中，我们将会介绍图像分类的基本流程、应用场景、常用的方法，要求读者能够掌握图像分类系统的环境搭建的方法。

知识准备

1. 图像分类的基本流程

图像分类的基本流程如下。

（1）预处理数据：对图像数据进行归一化、缩放等预处理，以确保数据的正确性。

（2）特征提取：使用合适的方法提取图像的特征，如灰度直方图、Gabor 滤波器、尺度不变特征变换（scale-invariant feature transform，SIFT）等。

（3）分类器训练：使用标注数据训练图像分类器，以识别图像内容。常用的图像分类器有支持向量机（support vector machine，SVM）、决策树、随机森林等。

（4）分类预测：使用训练好的分类器对未标注数据进行分类预测。

（5）评估模型：评估分类器的准确性，如混淆矩阵、准确率、召回率等。

2. 图像分类的常见方法

图像分类常见的方法如下。

1）传统方法

基于传统方法的图像分类通常包括以下 4 个步骤。

（1）特征提取：从图像中提取有用的特征信息，如颜色、纹理、形状等，常用的特征提取方法有 SIFT、加速鲁棒特征（speedup features，SURF）等。

（2）特征选择：从大量的特征中选择对图像分类具有较高影响力的特征。

（3）分类器训练：使用机器学习算法，如 SVM、决策树、随机森林等，在训练数据上训练出分类器。

（4）图像分类：使用训练出的分类器对新的图像进行分类。

基于传统方法的图像分类在一定程度上能够解决图像分类问题，但随着数据量的增加，特征提取和分类的复杂度也会显著增加，因此在实际应用中，卷积神经网络已经成为图像分类的首选方法。

2）深度学习方法

深度学习图像分类是目前图像分类领域中有效的方法之一，其优点是可以自动学习图像的特征，不需要人为设计特征，并且具有较强的泛化能力。常见的深度学习图像分类流程如下。

（1）预处理数据：将图像转化为合适的格式，并对数据进行归一化、扩充等处理。

（2）构建模型：选择合适的深度神经网络模型，如 CNN、循环神经网络（recurrent neural network，RNN）等。

（3）训练模型：使用标注数据训练模型，并通过误差反向传播算法不断更新权值。

（4）模型评估：利用模型对未标注数据进行分类，并评估模型的准确性。

（5）模型改进：如果模型的效果不理想，可以对模型进行调整，如修改网络结构、更换损失函数等。

任务实施

步骤 1　了解所需软件和库。

本项目使用到的软件为 Anaconda，版本为 2021.05，所需要的其他软件版本如表 2-1 所示，其中涉及的库均使用 pip 命令进行安装。如果在安装过程中速度较慢，可以切换到国内的镜像源，其中 TensorFlow 可以根据实验的主机配置进行选择，如果配备了图形处理器（graphics processing unit，GPU），那么建议选择安装 GPU 版本的 TensorFlow。

表 2-1　实验环境

项　目	版　本
操作系统	Windows 10 64 位专业版
开发语言	Python 3.6.13
Pillow	8.4.0
NumPy	1.19.5
Matplotlib	3.3.4
TensorFlow/TensorFlow-GPU	2.6.0
Keras	2.6.0

步骤 2 创建虚拟环境。

在开始菜单中找到 Anaconda3（64 bit）文件夹并打开，然后单击 Anaconda Prompt（Anaconda3）获得命令行环境，接着使用 conda create –n c02 python==3.8 命令创建虚拟环境，然后使用 conda activate c02 命令激活环境。

步骤 3 安装 Pillow。

Pillow 是一个用于打开、处理和保存多种图像格式的 Python 图像处理库，它提供了一组易于使用的工具，可以方便地对图像进行调整、裁剪、增强和滤波处理。使用如下命令安装 Pillow。

```
pip install pillow==9.4.0
```

步骤 4 安装 NumPy。

NumPy（numerical python）是一个用于处理数组的 Python 库。它也包含了一些线性代数、傅里叶变换和矩阵计算的函数。使用如下命令安装 NumPy。

```
pip install numpy==1.20
```

步骤 5 安装 Matplotlib。

Matplotlib 是一个 Python 绘图库，可以创建各种静态、动态和交互式的可视化图表。Matplotlib 高度可定制，并且可以用于创建复杂的图表，如散点图、折线图、条形图和热力图等。使用如下命令安装 Matplotlib。

```
pip install matplotlib=3.7.0
```

步骤 6 安装 TensorFlow。

TensorFlow 是一个流行的开源机器学习平台，用于构建机器学习模型。它提供了一组工具和库，可以用于构建各种类型的神经网络，支持多种机器学习任务，如分类、回归和聚类等。TensorFlow-GPU 是 TensorFlow 的 GPU 版本，可提供更快的计算速度。使用如下命令安装 TensorFlow。

```
pip install tensorflow=2.6.0
```

步骤 7 安装 Keras。

Keras 是一个高级神经网络 API（application programming interface，应用程序编程接口），可在多种深度学习框架中使用，如 TensorFlow、Theano 和微软认识工具集 CNTK 等。它提供了一组易于使用的工具和函数，可以方便地创建各种类型的神经网络，包括卷积神经网络、递归神经网络和深度前馈神经网络等。使用如下命令安装 Keras。

```
pip install keras==2.6.0
```

步骤 8 检查是否安装成功。

最后需要检查环境是否搭建成功，使用如下命令。如果显示的结果中已经包含了表 2-1 中对应版本的库，说明环境已经搭建成功。

```
pip list
```

任务 2-2 实现图像分类系统

■ 任务要求

本任务介绍了 flower_photos 数据集，要求读者完成图像分类系统数据的预处理、分类模型的设计、训练、测试和调优。

知识准备

数据集 flower_photos 是一个用于图像分类的数据集，包含了许多不同种类的花卉图像，通常用于比较不同图像分类算法的性能，也可以用于训练图像分类模型。该数据集包含许多花卉图像，每张图像都有一个相应的标签，表示该图像中的花卉种类。标签可以是花卉的学名或常见名称。数据集的图像大小和分辨率可能不同，但通常都是彩色图像，每张图像的尺寸为几百到数千像素。flower_photos 数据集是公开可用的，可以通过各种数据库和开源项目下载，也可以从网上免费获得。该数据集是一个很好的图像分类入门数据集，适用于初学者和研究人员对图像分类技术进行评估和实验。

任务实施

步骤 1 查看数据。

本任务所用的数据集放在与程序代码同路径下的 lower_photos 文件夹中。

（1）实例化 pathlib 模块，代码如下。

```
import pathlib
data_dir = pathlib.Path('flower_photos')
```

（2）通过 glob 函数查看数据集中所包含的图像类别，可以看见数据集中一共包含了 5 种图像，代码如下。

```
list(data_dir.glob('*'))
```

输出结果如下。

```
[WindowsPath('flower_photos/daisy'),
 WindowsPath('flower_photos/dandelion'),
 WindowsPath('flower_photos/roses'),
 WindowsPath('flower_photos/sunflowers'),
 WindowsPath('flower_photos/tulips')]
```

（3）通过 glob 函数查看数据集中所包含所有图像的数量，可以得出数据集中包含的

图像种数为 3670，代码如下。

```
image_count = len(list(data_dir.glob('*/*.jpg')))
print(" 一共包含的图像数量为：",image_count)
```

输出结果如下。

```
一共包含的图像数量为：3670
```

（4）显示 roses 文件夹中的一张图像，通过 matplotlib.pyplot 中 title 函数设置图像的标题，通过 PIL.Image.open 函数读取图像，最后通过 matplotlib.pyplot 中 show 函数显示图像，代码如下。

```
import PIL
import matplotlib.pyplot as plt
plt.title("roses")
roses = list(data_dir.glob('roses/*'))
print(" 一共包含 roses 花的图像数量为：",len(roses))
img = PIL.Image.open(str(roses[0]))
plt.imshow(img)     # 装载图像
plt.show()          # 显示图像
```

输出结果如图 2-1 所示。

图 2-1　roses 图像

（5）显示 daisy 文件夹中的一张图像，代码如下。

```
plt.title("daisy")
daisy = list(data_dir.glob('daisy/*'))
print(" 一共包含 daisy 花的图像数量为：",len(daisy))
img = PIL.Image.open(str(daisy[0]))
plt.imshow(img)
plt.show()
```

输出结果如图 2-2 所示。

图 2-2　daisy 图像

（6）显示 tulips 文件夹中的一张图像，代码如下。

```
plt.title("tulips")
tulips = list(data_dir.glob('tulips/*'))
print("一共包含 daisy 花的图像数量为：",len(tulips))
img = PIL.Image.open(str(tulips[0]))
plt.imshow(img)
plt.show()
```

输出结果如图 2-3 所示。

图 2-3　tulips 图像

步骤 2　装载数据。

（1）定义数据装载参数，包括批处理的大小、图像的高度及宽度，批处理大小需要根据计算机的性能来设置，代码如下。

```
batch_size = 32
img_height = 180
img_width = 180
```

（2）定义训练集数据装载参数，包括数据集的目录、训练集的比例等信息，代码如下。

```
import tensorflow as tf
train_ds = tf.keras.utils.image_dataset_from_directory(
  data_dir,  # 数据目录
  validation_split=0.1,  # 验证集划分比例
  color_mode="rgb",  # 图片的颜色通道模式，rgb 表示红绿蓝 3 个通道
  interpolation="bilinear",  # 图片插值方式，bilinear 表示双线性插值
  subset="training",  # 数据集类型，training 表示训练集
  seed=111,  # 随机种子，保证结果可复现
  image_size=(img_height, img_width),  # 图片的目标尺寸，高度和宽度
  batch_size=batch_size  # 每批次的样本数量
)
```

（3）定义测试集数据装载参数，包括数据集的目录、验证集的比例等信息，代码如下。

```
val_ds = tf.keras.utils.image_dataset_from_directory(
  data_dir,
  validation_split=0.1,
  color_mode="rgb",
  interpolation="bilinear",
  subset="validation",
  seed=111,
  image_size=(img_height, img_width),
  batch_size=batch_size)
```

（4）输出花的类别名称，代码如下。

```
class_names = train_ds.class_names
print(" 花的类别如下：", class_names)
```

输出结果如下。

```
花的类别如下：['daisy', 'dandelion', 'roses', 'sunflowers', 'tulips']
```

（5）输出图像批处理数据信息，代码如下。

```
for image_batch, labels_batch in train_ds:
  print(" 图像批处理信息：",image_batch.shape)
  print(" 图像批处理标签信息：",labels_batch.shape)
  break
```

输出结果如下。

```
图像批处理信息：(32, 150, 150, 3)
图像批处理标签信息：(32,)
```

（6）优化模型设置。使用 shuffle() 打乱数据；使用 prefetch() 进行数据的预读取，加速运行；使用 cache() 将数据缓存到内存中，加速运行，代码如下。

```
train_ds = AUTOTUNE = tf.data.AUTOTUNE  # 设置自动调整缓冲区大小
```

```
    train_ds = train_ds.cache().shuffle(1000).prefetch(buffer_size=AUTOTUNE)
# 对训练数据集进行缓存、随机打乱和预取操作，缓冲区大小使用 AUTOTUNE
    val_ds = val_ds.cache().prefetch(buffer_size=AUTOTUNE)  # 对验证数据集进行缓
存和预取操作，缓冲区大小使用 AUTOTUNE
```

（7）进行数据归一化。其中，map 函数用于异步计算，在 GPU 处理前一批 batch 的数据时，CPU 已经在处理下一个 batch 的预处理操作了，GPU 不需要等待下一批数据；next 函数用于构造迭代器，每次运行取出一个 batch 数据，代码如下。

```
    from tensorflow.keras import layers
    normalization_layer = layers.Rescaling(1./255)  # 创建一个图像标准化层，将像
素值缩放到 [0, 1]
    import numpy as np
    normalized_train_ds = train_ds.map(lambda x, y: (normalization_lay-
er(x), y))  # 对训练数据集应用图像标准化层，将像素值缩放到 [0, 1] 范围
    normalized_val_ds = val_ds.map(lambda x, y: (normalization_layer(x), y))
# 对验证数据集应用图像标准化层，将像素值缩放到 [0, 1] 范围
    image_batch, labels_batch = next(iter(normalized_train_ds))  # 从标准化后
的训练数据集中获取一个图像批次和对应的标签批次
    sample_image = image_batch[0]  # 获取图像批次中的第一张图像，用作样本图像
    print(" 图像中的最小值是：", np.min(sample_image))
    print(" 图像中的最大值是：", np.max(sample_image))
```

输出结果如下。

```
    图像中的最小值是：0.0
    图像中的最大值是：1.0
```

步骤 3 设置模型。

（1）定义网络模型，模型的输出类别数为图像的类别数。基于 CNN 的图像分类模型，其输入是一个三维的图像张量，维度为（img_height，img_width，3），其中 img_height、img_width 分别为图像的高度和宽度，3 表示图像为 RGB 格式。模型首先使用 Rescaling 层将图像像素值缩放到 [0,1] 内，以便更好地训练模型。然后，模型通过 Conv2D 层执行卷积操作提取图像的特征，使用 MaxPooling2D 层进行池化操作来减小特征图的空间尺寸和数量。在执行上述操作后，模型又增加了更多的卷积层和池化层，以提取更高层次的图像特征。最后，通过 Flatten 层将特征图平铺成一个一维向量，通过全连接层和 ReLU 激活函数生成一组新的特征向量。最后的输出层通过 Dense 层将全连接层的输出映射到类别标签上，代码如下。

```
    from tensorflow import keras
    from tensorflow.keras.models import Sequential
    num_classes = len(class_names)

    model = Sequential([
      layers.Rescaling(1./255, input_shape=(img_height, img_width, 3)),
      layers.Conv2D(16, 3, padding='same', activation='relu'),
```

```
    layers.MaxPooling2D(),
    layers.Conv2D(32, 3, padding='same', activation='relu'),
    layers.MaxPooling2D(),
    layers.Conv2D(64, 3, padding='same', activation='relu'),
    layers.MaxPooling2D(),
    layers.Flatten(),
    layers.Dense(128, activation='relu'),
    layers.Dense(num_classes)
])
```

（2）使用 TensorFlow 中的 compile 函数编译一个神经网络模型，该模型使用 Adam 优化器（tf.keras.optimizers.Adam(0.001)）进行训练，损失函数为稀疏分类交叉熵（tf.keras.losses.SparseCategoricalCrossentropy(from_logits=True)），并且评估指标为准确率（metrics=['accuracy']），其中 Adam 优化器中的学习率设置为 0.001，接着输出优化器的配置信息，代码如下。

```
model.compile(optimizer=tf.keras.optimizers.Adam(0.001),
              loss=tf.keras.losses.SparseCategoricalCrossentropy(from_
              logits=True), metrics=['accuracy'])
print(model.optimizer.get_config())
```

输出结果如下。

```
{'name': 'Adam',
'learning_rate': 0.001,
'decay': 0.0,
'beta_1': 0.9,
'beta_2': 0.999,
'epsilon': 1e-07,
'amsgrad': False}
```

（3）输出神经网络模型，代码如下。

```
model.summary()
```

输出结果如下。

```
Model: "sequential"
_________________________________________________________________
Layer (type)                 Output Shape              Param #
=================================================================
rescaling_1 (Rescaling)      (None, 150, 150, 3)       0
_________________________________________________________________
conv2d (Conv2D)              (None, 150, 150, 16)      448
_________________________________________________________________
max_pooling2d (MaxPooling2D) (None, 75, 75, 16)        0
_________________________________________________________________
conv2d_1 (Conv2D)            (None, 75, 75, 32)        4640
_________________________________________________________________
```

```
max_pooling2d_1 (MaxPooling2  (None, 37, 37, 32)        0
_________________________________________________________________
conv2d_2 (Conv2D)             (None, 37, 37, 64)        18496
_________________________________________________________________
max_pooling2d_2 (MaxPooling2  (None, 18, 18, 64)        0
_________________________________________________________________
flatten (Flatten)             (None, 20736)             0
_________________________________________________________________
dense (Dense)                 (None, 128)               2654336
_________________________________________________________________
dense_1 (Dense)               (None, 5)                 645
=================================================================
Total params: 2,678,565
Trainable params: 2,678,565
Non-trainable params: 0
_________________________________________________________________
```

步骤 4 训练模型。

（1）设置模型训练的参数，其中，epochs 为向前和向后传播中所有批次的单次训练迭代，verbose 为 2 时表示为每个 epoch 输出一行记录。本任务使用 fit 函数进行模型训练，代码如下。

```
epochs=30
history = model.fit(
    train_ds,
    validation_data=val_ds,
    epochs=epochs,
    verbose=2,
    batch_size=10
)
```

在模型训练时输出 loss、accuracy、val_loss、val_accuracy，这些指标通常用于评估神经网络模型的性能。在训练过程中，损失值和准确率会随着每个训练周期的更新而变化，训练时的准确率和损失值是用来评估模型性能和进行模型优化的重要指标。输出结果如下。

```
Epoch 1/30
92/92 [==============================] - 9s 39ms/step - loss: 1.3255 - accuracy: 0.4380 - val_loss: 1.0873 - val_accuracy: 0.5586
Epoch 2/30
92/92 [==============================] - 3s 30ms/step - loss: 1.0011 - accuracy: 0.6080 - val_loss: 1.0111 - val_accuracy: 0.5886
Epoch 3/30
92/92 [==============================] - 3s 30ms/step - loss: 0.8429 - accuracy: 0.6635 - val_loss: 0.9109 - val_accuracy: 0.6471
Epoch 4/30
92/92 [==============================] - 3s 31ms/step - loss: 0.6760 -
```

```
accuracy: 0.7483 - val_loss: 1.0236 - val_accuracy: 0.6213
    Epoch 5/30
    92/92 [==============================] - 3s 31ms/step - loss: 0.4798 -
accuracy: 0.8236 - val_loss: 0.8805 - val_accuracy: 0.6649
    Epoch 6/30
    92/92 [==============================] - 3s 30ms/step - loss: 0.3368 -
accuracy: 0.8801 - val_loss: 1.0339 - val_accuracy: 0.6540
    Epoch 7/30
    92/92 [==============================] - 3s 30ms/step - loss: 0.2026 -
accuracy: 0.9339 - val_loss: 1.1251 - val_accuracy: 0.6730
    Epoch 8/30
    92/92 [==============================] - 3s 30ms/step - loss: 0.1103 -
accuracy: 0.9683 - val_loss: 1.3335 - val_accuracy: 0.6553
    Epoch 9/30
    92/92 [==============================] - 3s 30ms/step - loss: 0.1074 -
accuracy: 0.9693 - val_loss: 1.4572 - val_accuracy: 0.6580
    Epoch 10/30
    92/92 [==============================] - 3s 30ms/step - loss: 0.0433 -
accuracy: 0.9894 - val_loss: 1.5927 - val_accuracy: 0.6553
    Epoch 11/30
    92/92 [==============================] - 3s 30ms/step - loss: 0.0204 -
accuracy: 0.9969 - val_loss: 1.7576 - val_accuracy: 0.6485
    Epoch 12/30
    92/92 [==============================] - 3s 30ms/step - loss: 0.0158 -
accuracy: 0.9963 - val_loss: 1.8228 - val_accuracy: 0.6567
    Epoch 13/30
    92/92 [==============================] - 3s 30ms/step - loss: 0.0190 -
accuracy: 0.9956 - val_loss: 1.9773 - val_accuracy: 0.6567
    Epoch 14/30
    92/92 [==============================] - 3s 30ms/step - loss: 0.1355 -
accuracy: 0.9622 - val_loss: 1.5744 - val_accuracy: 0.6689
    Epoch 15/30
    92/92 [==============================] - 3s 30ms/step - loss: 0.0409 -
accuracy: 0.9905 - val_loss: 2.0741 - val_accuracy: 0.6376
    Epoch 16/30
    92/92 [==============================] - 3s 30ms/step - loss: 0.0542 -
accuracy: 0.9850 - val_loss: 1.7927 - val_accuracy: 0.6390
    Epoch 17/30
    92/92 [==============================] - 3s 31ms/step - loss: 0.0204 -
accuracy: 0.9952 - val_loss: 2.2867 - val_accuracy: 0.6485
    Epoch 18/30
    92/92 [==============================] - 3s 31ms/step - loss: 0.0064 -
accuracy: 0.9997 - val_loss: 2.0562 - val_accuracy: 0.6621
    Epoch 19/30
    92/92 [==============================] - 3s 30ms/step - loss: 0.0011 -
accuracy: 1.0000 - val_loss: 2.1383 - val_accuracy: 0.6594
    Epoch 20/30
    92/92 [==============================] - 3s 30ms/step - loss: 6.8138e-04 -
```

```
accuracy: 1.0000 - val_loss: 2.2230 - val_accuracy: 0.6594
    Epoch 21/30
    92/92 [==============================] - 3s 30ms/step - loss: 5.0428e-04 -
accuracy: 1.0000 - val_loss: 2.2829 - val_accuracy: 0.6567
    Epoch 22/30
    92/92 [==============================] - 3s 30ms/step - loss: 4.0070e-04 -
accuracy: 1.0000 - val_loss: 2.3366 - val_accuracy: 0.6540
    Epoch 23/30
    92/92 [==============================] - 3s 30ms/step - loss: 3.3054e-04 -
accuracy: 1.0000 - val_loss: 2.3809 - val_accuracy: 0.6567
    Epoch 24/30
    92/92 [==============================] - 3s 30ms/step - loss: 2.7705e-04 -
accuracy: 1.0000 - val_loss: 2.4210 - val_accuracy: 0.6540
    Epoch 25/30
    92/92 [==============================] - 3s 30ms/step - loss: 2.3748e-04 -
accuracy: 1.0000 - val_loss: 2.4560 - val_accuracy: 0.6567
    Epoch 26/30
    92/92 [==============================] - 3s 30ms/step - loss: 2.0635e-04 -
accuracy: 1.0000 - val_loss: 2.4870 - val_accuracy: 0.6526
    Epoch 27/30
    92/92 [==============================] - 3s 30ms/step - loss: 1.8131e-04 -
accuracy: 1.0000 - val_loss: 2.5183 - val_accuracy: 0.6526
    Epoch 28/30
    92/92 [==============================] - 3s 30ms/step - loss: 1.5948e-04 -
accuracy: 1.0000 - val_loss: 2.5466 - val_accuracy: 0.6580
    Epoch 29/30
    92/92 [==============================] - 3s 30ms/step - loss: 1.4296e-04 -
accuracy: 1.0000 - val_loss: 2.5738 - val_accuracy: 0.6553
    Epoch 30/30
    92/92 [==============================] - 3s 30ms/step - loss: 1.2825e-04 -
accuracy: 1.0000 - val_loss: 2.6008 - val_accuracy: 0.6567
```

（2）输出准确率和模型训练损失结果，代码如下。

```
acc = history.history['accuracy']
val_acc = history.history['val_accuracy']
loss = history.history['loss']
val_loss = history.history['val_loss']

epochs_range = range(epochs)
plt.rcParams["font.sans-serif"]=["SimHei"]
plt.rcParams["axes.unicode_minus"]=False

plt.figure(figsize=(10, 4))
plt.subplot(1, 2, 1)
plt.plot(epochs_range, acc, label=' 训练集准确率 ')
plt.plot(epochs_range, val_acc, label=' 验证集准确率 ')
plt.legend(loc='lower right')
```

```
    plt.xlabel(' 轮次 ')
    plt.ylabel(' 准确率 ')
    plt.title(' 训练集和测试集准确率 ')
    plt.xlabel("epochs")
    plt.ylabel(" 准确率 ")

    plt.subplot(1, 2, 2)
    plt.plot(epochs_range, loss, label=' 训练集损失 ')
    plt.plot(epochs_range, val_loss, label=' 验证集损失 ')
    plt.legend(loc='upper right')
    plt.xlabel(' 轮次 ')
    plt.ylabel(' 损失 ')
    plt.title(' 训练集和验证集损失 ')
    plt.xlabel("epochs")
    plt.ylabel(" 损失 ")

    plt.show() # 显示图像
```

输出结果如图 2-4 所示。

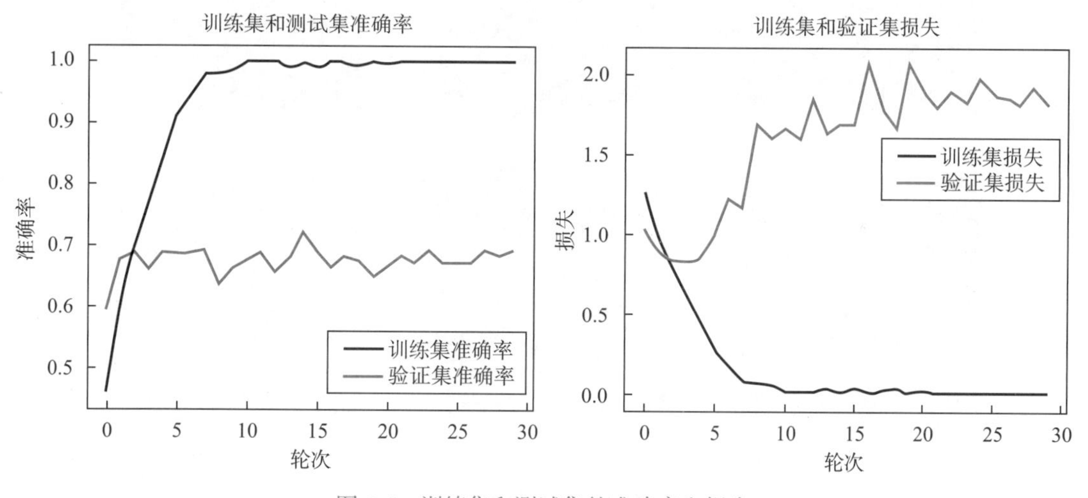

图 2-4　训练集和测试集的准确率和损失

从图 2-4 中可以看出，训练集的准确率持续升高，而验证集的准确率基本上在 0.68 附近波动，说明模型出现了过拟合现象。

步骤 5　数据增强和 Dropout。

（1）模型过拟合可以通过数据增强来克服，通过 Keras 自带的旋转、缩放、更改对比度等操作对数据集进行增强，代码如下。

```
    data_augmentation = keras.Sequential([
        layers.RandomFlip("horizontal", input_shape=(img_height, img_width,
3)), # 水平翻转数据增强，输入图像形状为 (img_height, img_width, 3)
        layers.RandomRotation(0.15), # 随机旋转数据增强，旋转角度为 0.15
        layers.RandomContrast(factor=0.05), # 随机对比度调整数据增强，对比度因子为
0.05
```

```
    layers.RandomZoom(height_factor=0.2, width_factor=0.2), # 随机缩放数据
增强，高度缩放因子为 0.2，宽度缩放因子为 0.2
  ])
```

（2）显示增强后部分数据，代码如下。

```
plt.figure(figsize=(10, 10))
for images, _ in train_ds.take(1):
  for i in range(9):
    augmented_images = data_augmentation(images)
    ax = plt.subplot(3, 3, i + 1)
    plt.imshow(augmented_images[0].numpy().astype("uint8"))
plt.axis("off")
```

输出结果如图 2-5 所示。

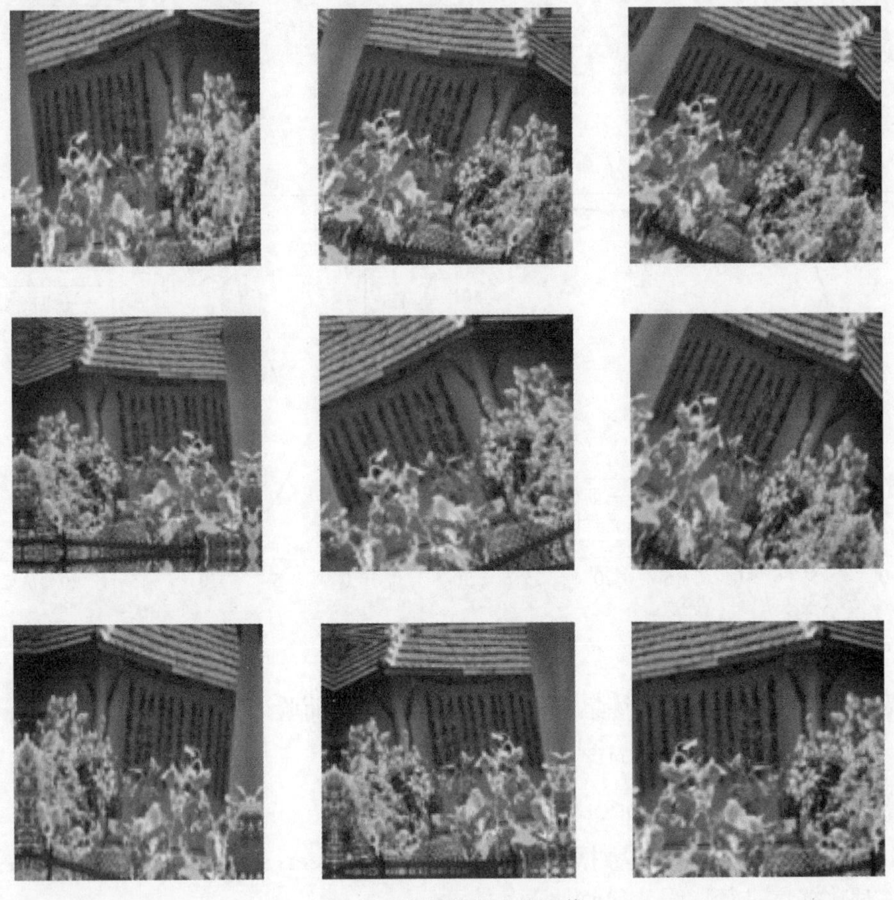

图 2-5　数据增强后的图像

（3）重新定义网络。模型是一个基于 CNN 的图像分类模型，它采用数据增强技术增加训练集数据，减小模型的过拟合。模型的第一层是 data_augmentation，用于生成一些随机的图像变换操作，如旋转、平移、翻转等，从而扩大训练集的规模，提高模型的泛化能力。接下来，模型使用 Rescaling 层将图像像素值缩放到 [0,1]，以便更好地训练模型。然后，模型通过 Conv2D 层执行卷积操作来提取图像的特征，使用 MaxPooling2D 层进行池化操

作来减小特征图的空间尺寸和数量。在每个卷积层后，模型使用 Dropout 层来随机断开一些神经元，以减少过拟合。在执行上述操作后，模型又增加了更多的卷积层和池化层，以提取更高层次的图像特征。最后，通过 Flatten 层将特征图平铺成一个一维向量，再通过全连接层和 ReLU 激活函数生成一组新的特征向量。最后的输出层通过 Dense 层将全连接层的输出映射到类别标签上，代码如下。

```
model = Sequential([
  data_augmentation,
  layers.Rescaling(1./255),
  layers.Conv2D(16, 3, padding='same', activation='relu'),
  layers.MaxPooling2D(),
  layers.Dropout(0.2),
  layers.Conv2D(32, 3, padding='same', activation='relu'),
  layers.MaxPooling2D(),
  layers.Dropout(0.2),
  layers.Conv2D(64, 3, padding='same', activation='relu'),
  layers.MaxPooling2D(),
  layers.Dropout(0.2),
  layers.Flatten(),
  layers.Dense(128, activation='relu'),
  layers.Dense(num_classes, name="outputs")
])
```

（4）编译网络，代码如下。

```
model.compile(optimizer=tf.keras.optimizers.Adam(0.001),
              loss=tf.keras.losses.SparseCategoricalCrossentropy(from_
              logits=True),
              metrics=['accuracy'])
```

（5）输出神经网络信息，代码如下。

```
model.summary()
```

输出结果如下。

```
Model: "sequential_2"
_________________________________________________________________
Layer (type)                Output Shape              Param #
=================================================================
sequential_1 (Sequential)   (None, 150, 150, 3)       0

_________________________________________________________________
rescaling_2 (Rescaling)     (None, 150, 150, 3)       0

_________________________________________________________________
conv2d_3 (Conv2D)           (None, 150, 150, 16)      448

_________________________________________________________________
max_pooling2d_3 (MaxPooling2 (None, 75, 75, 16)       0
_________________________________________________________________
```

```
dropout (Dropout)            (None, 75, 75, 16)        0
_________________________________________________________________
conv2d_4 (Conv2D)            (None, 75, 75, 32)        4640
_________________________________________________________________
max_pooling2d_4 (MaxPooling2 (None, 37, 37, 32)        0
_________________________________________________________________
dropout_1 (Dropout)          (None, 37, 37, 32)        0
_________________________________________________________________
conv2d_5 (Conv2D)            (None, 37, 37, 64)        18496
_________________________________________________________________
max_pooling2d_5 (MaxPooling2 (None, 18, 18, 64)        0
_________________________________________________________________
dropout_2 (Dropout)          (None, 18, 18, 64)        0
_________________________________________________________________
flatten_1 (Flatten)          (None, 20736)             0
_________________________________________________________________
dense_2 (Dense)              (None, 128)               2654336
_________________________________________________________________
outputs (Dense)              (None, 5)                 645
=================================================================
Total params: 2,678,565
Trainable params: 2,678,565
Non-trainable params: 0
_________________________________________________________________
```

（6）训练网络，使用如下代码。

```
epochs = 30
history = model.fit(
    train_ds,
    validation_data=val_ds,
    epochs=epochs,
    verbose=2,
    batch_size=10
)
```

输出结果如下。

```
Epoch 1/30
92/92 [==============================] - 5s 44ms/step - loss: 1.5738 - accuracy: 0.3014 - val_loss: 1.3177 - val_accuracy: 0.4455
Epoch 2/30
92/92 [==============================] - 4s 47ms/step - loss: 1.2104 - accuracy: 0.4840 - val_loss: 1.1346 - val_accuracy: 0.5763
Epoch 3/30
92/92 [==============================] - 4s 43ms/step - loss: 1.0931 - accuracy: 0.5504 - val_loss: 1.0330 - val_accuracy: 0.6144
Epoch 4/30
92/92 [==============================] - 4s 43ms/step - loss: 1.0049 -
```

```
accuracy: 0.6029 - val_loss: 0.9956 - val_accuracy: 0.6199
    Epoch 5/30
    92/92 [==============================] - 4s 43ms/step - loss: 0.9308 -
accuracy: 0.6413 - val_loss: 0.9344 - val_accuracy: 0.6526
    Epoch 6/30
    92/92 [==============================] - 4s 43ms/step - loss: 0.9032 -
accuracy: 0.6471 - val_loss: 0.8638 - val_accuracy: 0.6594
    Epoch 7/30
    92/92 [==============================] - 4s 42ms/step - loss: 0.8689 -
accuracy: 0.6669 - val_loss: 0.8595 - val_accuracy: 0.6703
    Epoch 8/30
    92/92 [==============================] - 4s 44ms/step - loss: 0.8440 -
accuracy: 0.6754 - val_loss: 0.8159 - val_accuracy: 0.6839
    Epoch 9/30
    92/92 [==============================] - 4s 43ms/step - loss: 0.8139 -
accuracy: 0.6815 - val_loss: 0.8163 - val_accuracy: 0.6826
    Epoch 10/30
    92/92 [==============================] - 4s 41ms/step - loss: 0.7846 -
accuracy: 0.6999 - val_loss: 0.8426 - val_accuracy: 0.6621
    Epoch 11/30
    92/92 [==============================] - 4s 43ms/step - loss: 0.7628 -
accuracy: 0.7064 - val_loss: 0.7832 - val_accuracy: 0.6975
    Epoch 12/30
    92/92 [==============================] - 4s 42ms/step - loss: 0.7478 -
accuracy: 0.7125 - val_loss: 0.7523 - val_accuracy: 0.7112
    Epoch 13/30
    92/92 [==============================] - 4s 43ms/step - loss: 0.7353 -
accuracy: 0.7098 - val_loss: 0.7573 - val_accuracy: 0.7071
    Epoch 14/30
    92/92 [==============================] - 4s 42ms/step - loss: 0.6933 -
accuracy: 0.7360 - val_loss: 0.6954 - val_accuracy: 0.7316
    Epoch 15/30
    92/92 [==============================] - 4s 43ms/step - loss: 0.6872 -
accuracy: 0.7381 - val_loss: 0.7248 - val_accuracy: 0.7302
    Epoch 16/30
    92/92 [==============================] - 4s 43ms/step - loss: 0.6690 -
accuracy: 0.7408 - val_loss: 0.7338 - val_accuracy: 0.7044
    Epoch 17/30
    92/92 [==============================] - 4s 43ms/step - loss: 0.6539 -
accuracy: 0.7483 - val_loss: 0.7690 - val_accuracy: 0.7044
    Epoch 18/30
    92/92 [==============================] - 4s 42ms/step - loss: 0.6492 -
accuracy: 0.7517 - val_loss: 0.7007 - val_accuracy: 0.7098
    Epoch 19/30
    92/92 [==============================] - 4s 43ms/step - loss: 0.6177 -
accuracy: 0.7657 - val_loss: 0.7040 - val_accuracy: 0.7166
    Epoch 20/30
    92/92 [==============================] - 4s 43ms/step - loss: 0.6043 -
```

```
accuracy: 0.7663 - val_loss: 0.6695 - val_accuracy: 0.7289
    Epoch 21/30
    92/92 [==============================] - 4s 43ms/step - loss: 0.5914 -
accuracy: 0.7790 - val_loss: 0.6706 - val_accuracy: 0.7343
    Epoch 22/30
    92/92 [==============================] - 4s 42ms/step - loss: 0.5831 -
accuracy: 0.7684 - val_loss: 0.6589 - val_accuracy: 0.7548
    Epoch 23/30
    92/92 [==============================] - 4s 42ms/step - loss: 0.5676 -
accuracy: 0.7827 - val_loss: 0.7131 - val_accuracy: 0.7084
    Epoch 24/30
    92/92 [==============================] - 4s 42ms/step - loss: 0.5483 -
accuracy: 0.7943 - val_loss: 0.7338 - val_accuracy: 0.7153
    Epoch 25/30
    92/92 [==============================] - 4s 42ms/step - loss: 0.5680 -
accuracy: 0.7854 - val_loss: 0.7335 - val_accuracy: 0.6907
    Epoch 26/30
    92/92 [==============================] - 4s 42ms/step - loss: 0.5218 -
accuracy: 0.8055 - val_loss: 0.7424 - val_accuracy: 0.7057
    Epoch 27/30
    92/92 [==============================] - 4s 42ms/step - loss: 0.5119 -
accuracy: 0.8076 - val_loss: 0.7827 - val_accuracy: 0.7098
    Epoch 28/30
    92/92 [==============================] - 4s 42ms/step - loss: 0.4984 -
accuracy: 0.8123 - val_loss: 0.6621 - val_accuracy: 0.7316
    Epoch 29/30
    92/92 [==============================] - 4s 42ms/step - loss: 0.4934 -
accuracy: 0.8188 - val_loss: 0.7360 - val_accuracy: 0.7262
    Epoch 30/30
    92/92 [==============================] - 4s 42ms/step - loss: 0.4706 -
accuracy: 0.8168 - val_loss: 0.7230 - val_accuracy: 0.7398
```

安装指定版本库

（7）使用如下代码输出准确率和损失结果，如图 2-6 所示，通过结果可以看出，模型通过数据增强和 Dropout 后可以克服一定的过拟合问题，代码如下。

```
    acc = history.history['accuracy']
    val_acc = history.history['val_accuracy']

    loss = history.history['loss']
    val_loss = history.history['val_loss']

    epochs_range = range(epochs)

    plt.rcParams["font.sans-serif"]=["SimHei"]
    plt.rcParams["axes.unicode_minus"]=False

    plt.figure(figsize=(10, 4))
    plt.subplot(1, 2, 1)
```

```
plt.plot(epochs_range, acc, label=' 训练集准确率 ')
plt.plot(epochs_range, val_acc, label=' 验证集准确率 ')
plt.legend(loc='lower right')
plt.title(' 训练集和测试集准确率 ')

plt.subplot(1, 2, 2)
plt.plot(epochs_range, loss, label=' 训练集损失 ')
plt.plot(epochs_range, val_loss, label=' 验证集损失 ')
plt.legend(loc='upper right')
plt.title(' 训练集和验证集损失 ')
plt.show()
```

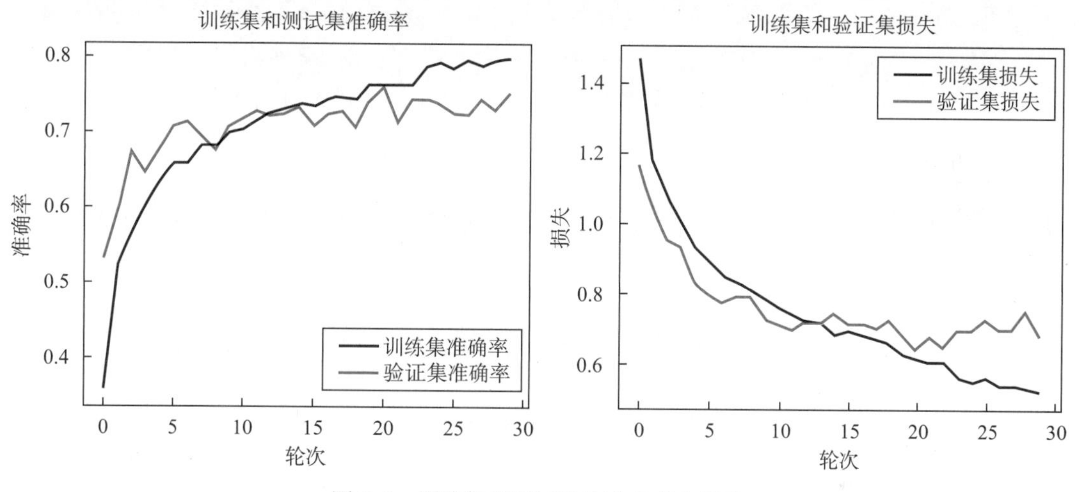

图 2-6 训练集和测试集的准确率和损失

步骤 6 测试模型。

在测试中，可用通过网络爬虫获取一些图片，这里，通过网络获取向日葵图片一张，如图 2-7 所示。

图 2-7 测试图片

测试时用到的程序如下。

```
    sunflower_url = "sunflower.jpg"
    sunflower_path = tf.keras.utils.get_file('Red_sunflower', origin=sunflower_
url)
    img = keras.preprocessing.image.load_img(
        sunflower_path, target_size=(img_height, img_width)
    )
    img_array = keras.preprocessing.image.img_to_array(img)
    img_array = tf.expand_dims(img_array, 0) #Create a batch
    predictions = model.predict(img_array)
    score = tf.nn.softmax(predictions[0])
    print(
        "这张图片最有可能属于：{} 可能性为：{:.2f} percent confidence."
        .format(class_names[np.argmax(score)], 100 * np.max(score))
    )
```

输出结果如下。

```
这张图片最有可能属于：sunflowers 可能性为：96.47 percent confidence.
```

◆ 学习评价 ◆

任务评价表

任务名称	任务详情	评价要素	分值	评价主体		
				学生自评	小组互评	教师点评
了解图像分类步骤	熟知图像分类中每一步的意义、关键点	熟知程度	10			
搭建图像识别环境	安装好相关的库、包	是否安装	20			
了解数据增强和 Dropout	使用数据增强和 Dropout 优化模型	准确率	30			
完成图像识别系统	使用 TensorFlow 完成图像识别卷积神经网络并用于手写字体识别	识别准确率	40			

汽车检测系统

项目导读

目标检测是一项重要的计算机视觉任务，用于检测数字图像（如照片或视频帧）中某些类别的视觉对象实例。它可以应用于对目标进行动态实时跟踪、定位，在智能化交通系统、智能监控系统、军事目标检测及医学导航手术中的手术器械定位等方面具有广泛的应用价值。本项目将介绍基于 YOLOv5 的车辆检测系统。

知识目标

了解 YOLOv5 的原理、层次结构；掌握 YOLOv5 环境的搭建步骤；熟悉 labelme 标注图像的步骤。

能力目标

掌握数据标注方法、使用标注的数据训练 YOLOv5 模型。

素质目标

进行多学科合作时，应能通过团队合作，加强自己的协作和沟通能力，培养团队意识和团队协作精神。

项目重难点

工作任务	建议学时	重难点	重要程度
任务 3–1　完成目标检测系统的环境搭建	2	了解目标检测	★★☆☆☆
		了解目标检测常见方法	★★☆☆☆
		完成目标检测系统的环境搭建	★★☆☆☆
		YOLOv5 的安装与下载	★★☆☆☆
		安装相关软件和库	★★★☆☆
任务 3–2　实现汽车检测系统	3	进行数据标注	★★☆☆☆
		准备数据集	★★☆☆☆
		设置模型参数	★★☆☆☆
		训练与测试模型	★★★☆☆

任务 3–1　完成目标检测系统的环境搭建

任务要求

此任务将会介绍目标检测的原理、常见的目标检测方法和基于 YOLOv5 的目标检测方法。要求读者掌握 YOLOv5 目标检测系统的环境搭建的方法。

知识准备

1. 目标检测

目标检测的工作流程通常包括两个主要步骤：特征提取和分类。在特征提取阶段，模型从图像中提取有关物体的信息，以便识别其存在。这些特征可以包括颜色、形状、大小等。在分类阶段，模型利用提取的特征识别物体类型，并且标识其位置，如图 3-1 所示。

目标检测的方法可以分为两类：基于滑动窗口的方法和基于 CNN 的方法。前者通过搜索图像中所有可能的窗口来识别物体，但是，这种方法的效率较低；后者基于 CNN 的方法利用深度学习技术识别物体，在精度和效率方面有明显优势。

图 3-1 目标检测

2. 常见目标检测方法

R-CNN 系列：R-CNN、Fast R-CNN、Faster R-CNN 及 Mask R-CNN 都是 R-CNN 系列目标检测技术。它们是基于 CNN 的技术，使用选定感兴趣区域（region of interest，ROI）池化层来识别目标。

YOLO 系列：YOLO（you only look once）是一种简单、快速的目标检测技术，它只需要一次前向传播就可以识别图像中的所有目标。YOLOv2、YOLOv3 是其常见的变体。

SSD：SSD（single shot multibox detector）是一种目标检测技术，它通过使用预测框（prediction boxes）和预测类别得分来识别目标。

RetinaNet：RetinaNet 是一种用于目标检测的深度学习模型，它使用 Focal Loss 降低算法对背景的关注，从而提高目标检测的准确性。

CenterNet：CenterNet 是一种用于目标检测的技术，它使用中心点预测来识别目标，从而提高了算法的速度和效率。

3. YOLOv5 原理

YOLOv5 是一种目标检测模型，用于快速地识别图像中的目标。它是当前 YOLO 系列中最新的一个版本，比前面的版本更快、更精确。

YOLOv5 是基于 CNN 实现，它将输入的图像通过一系列卷积和池化层进行特征提取，并使用多个全连接层来预测目标的位置和类别。它可以在一次前向传播的过程中预测多个目标。与其他目标检测模型不同，YOLOv5 只需要一次神经网络的前向传播就能预测所有目标，而不需要多次的前向传播。这使得 YOLOv5 更快、更省时间，也更适合在移动设备或实时环境中使用。YOLOv5 的预测算法使用网格来划分图像。每个网格都是一个预测单元，负责预测该区域内是否有目标。如果有目标，该单元还将预测目标的类别和位置（通过边界框）。边界框是一个矩形，用于框住目标并确定它的位置。

任务实施

本任务需要完成YOLOv5的环境搭建，主要包含YOLOv5的下载、安装、文件配置，以及相关软件、第三方库的安装。

步骤1 YOLOv5的下载与安装。

可以到GitHub官网下载YOLOv5，下载页面如图3-2所示，单击code，再单击Download ZIP即可完成下载。将下载的代码解压并存放在yolov5-car路径下，解压后的文件如图3-3所示。

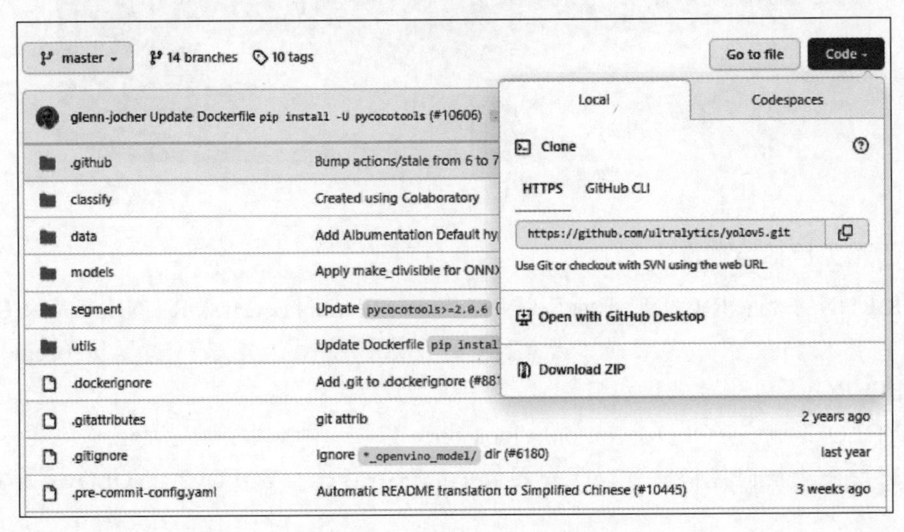

图3-2 YOLOv5下载页面

› 本地磁盘 (C:) › yolov5-car　　在 yolov5-car 中搜索

名称	修改日期	类型	大小
.github	2022/12/27 23:47	文件夹	
classify	2022/12/27 23:47	文件夹	
data	2022/12/27 23:47	文件夹	
models	2022/12/27 23:47	文件夹	
segment	2022/12/27 23:47	文件夹	
utils	2022/12/27 23:47	文件夹	
.dockerignore	2022/12/27 23:47	DOCKERIGNOR...	4 KB
.gitattributes	2022/12/27 23:47	GITATTRIBUTES ...	1 KB
.gitignore	2022/12/27 23:47	GITIGNORE 文件	4 KB
.pre-commit-config.yaml	2022/12/27 23:47	YAML 文件	2 KB
benchmarks.py	2022/12/27 23:47	PY 文件	8 KB
CITATION.cff	2022/12/27 23:47	CFF 文件	1 KB
CONTRIBUTING.md	2022/12/27 23:47	MD 文件	5 KB
detect.py	2022/12/27 23:47	PY 文件	14 KB
export.py	2022/12/27 23:47	PY 文件	31 KB
hubconf.py	2022/12/27 23:47	PY 文件	8 KB
LICENSE	2022/12/27 23:47	文件	35 KB
README.md	2022/12/27 23:47	MD 文件	39 KB
README.zh-CN.md	2022/12/27 23:47	MD 文件	40 KB
requirements.txt	2022/12/27 23:47	文本文档	2 KB
setup.cfg	2022/12/27 23:47	CFG 文件	2 KB
train.py	2022/12/27 23:47	PY 文件	33 KB
tutorial.ipynb	2022/12/27 23:47	IPYNB 文件	53 KB
val.py	2022/12/27 23:47	PY 文件	20 KB

图3-3 yolov5-car路径

步骤 2 了解所需软件和第三方库。

使用的操作系统为 Windows 10 专业版 64 位，需要的软件为 Visual Studio 2017、CUDA 等，主要的库及版本信息如表 3-1 所示。

表 3-1 实验环境

项　　目	版　　本
操作系统	Windows 10 64 位专业版
开发语言	Visual Studio 2017
CUDA	11.3
CuDNN	8.0.2
Python	3.8
PyTorch	1.12.1
Torchvision	0.13.1
Cuda Toolkit	11.3.1
Pillow	9.4.0
Pycocotools-Windows	2.0.0.2

步骤 3 创建虚拟环境。

为了便于软件库管理，创建虚拟环境进行配置。使用如下命令创建虚拟环境。

```
conda create -n Yolov5-car python=3.8
```

步骤 4 安装 PyTorch Torchvision TorchAudio Cuda Toolkit。

创建成功后，需要激活该环境，接下来的软件和库安装都需要在此环境下进行。这里使用的 YOLO 是基于 PyTorch 实现的，PyTorch 分为 GPU 和 CPU 两个版本，在此演示 GPU 版的安装。首先查看 CUDA 版本，在 cmd 中输入如下命令：

```
nvcc -V
```

得到的结果如图 3-4 所示。可以看见使用到的版本为 CUDA11.3。

安装 PyTorch (GPU)

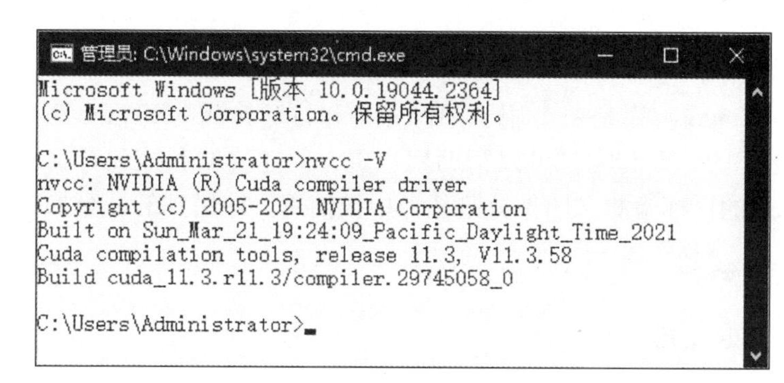

图 3-4 CUDA 版本

接下来打开 PyTorch 官网，根据读者自己的计算机配置选择安装命令。其中 PyTorch 是一个基于 Python 的开源机器学习框架，它提供了强大的 GPU 加速计算能力和灵活的深度学习模型构建方法。PyTorch 广泛应用于图像识别、自然语言处理、语音识别等领域。Torchvision 是 PyTorch 的图像处理库，提供了一些常见的数据集和预训练模型，同时也包含了一些用于数据增强、图像转换和可视化的工具。CDUA Toolkit 是 NVIDIA 提供的用于支持 GPU 加速计算的工具包，它提供了一些 CUDA 库和工具，用于编写 CUDA 程序和优化 CUDA 应用的性能。PyTorch 安装需要依赖 CUDA Toolkit，因为它提供了 GPU 加速计算的支持，所以可以大幅度提高深度学习模型的训练和预测速度。根据查看配置，选择如下命令安装（注意，安装时应根据电脑配置选择合适的版本）。

```
    conda install pytorch==1.9.0 torchvision==0.10.0 torchaudio==0.9.0
cudatoolkit=11.3 -c pytorch -c conda-forge
```

使用如下命令查看已经安装的库。

```
conda list
```

查看结果如图 3-5 所示。

```
torchaudio                0.11.0                 py38_cpu
torchvision               0.12.0                 py38_cpu
```

图 3-5　Torchvision 版本

由图 3-5 可以发现，所安装的 PyTorch 版本是 CPU 的，原因是安装 PyTorch 时会默认安装这个 cpuonly 库，为此需要卸载 cpuonly 库。使用如下命令卸载 cpuonly。

```
conda uninstall cpuonly
```

在执行上条命令时，发现系统会自动使用 GPU 版本的 PyTorch 替换 CPU 版本的 PyTorch。运行结果如图 3-6 所示。

```
The following packages will be DOWNGRADED:

  pytorch                  1.11.0-py3.8_cpu_0 --> 1.11.0-py3.8_cuda11.3_cudnn8_0
  torchaudio                   0.11.0-py38_cpu --> 0.11.0-py38_cu113
  torchvision                  0.12.0-py38_cpu --> 0.12.0-py38_cu113
```

图 3-6　Torchvision 版本

步骤 5　安装 Pycocotools-Windows。

Pycocotools-Windows 库是一个用于图像分割和目标检测的 Python 工具库，它提供了处理 COCO 数据集的函数和类，可以帮助用户更方便地读取和处理 COCO 数据集。这个库通常在 PyTorch 的目标检测和图像分割任务中被使用。使用到的命令如下：

```
pip install pycocotools-windows==2.0.0.2
```

步骤 6　安装其余库。

进入 yolov5-car 目录，找到 requirements.txt 文件，使用如下命令安装其他相关库。

```
pip install -r requirements.txt
```

步骤 7　检查 CUDA 是否可用。

安装完成后，检测环境配置，使用如下程序检测环境是否已经安装好。安装好的环境如图 3-7 所示，显示了 torch 的版本号，此外还显示了 torch.cuda 状态为 True，这说明可以使用 GPU 加速。最后显示了 CUDA 设备数量为 1，说明只有一块显卡。

```
python
import torch
print(torch.__version__)
torch.cuda.is_available()
torch.cuda.device_count()
quit()
```

```
Python 3.8.15 | packaged by conda-forge | (default, Nov 22 2022, 08:42:03)
Type "help", "copyright", "credits" or "license" for more information.
>>> import torch
>>> print(torch.__version__)
1.11.0
>>> torch.cuda.is_available()
True
>>> torch.cuda.device_count()
1
```

图 3-7　环境检查

步骤 8　下载预训练模型。

所有软件和库安装完成后，需要检查是否安装成功，在检查之前需要下载预训练模型，比如需要使用 yolov5s.pt，如图 3-8 所示。

results_yolov5l.txt	44.2 KB
results_yolov5m.txt	44.2 KB
results_yolov5s.txt	44.2 KB
results_yolov5x.txt	44.2 KB
yolov5l.pt	91.6 MB
yolov5m.pt	41.9 MB
yolov5s.pt	14.5 MB
yolov5x.pt	170 MB

图 3-8　yolo5s.pt 下载页面

步骤 9　检查是否安装成功。

使用下载后的预训练模型进行 YOLOv5 的测试，使用到的命令如下。

```
python detect.py --source data/images/bus.jpg --weights Yolov5s.pt
```

运行结果如图 3-9 所示。

```
(car-yolov5) C:\yolov5-car>python detect.py --source data/images/bus.jpg --weights yolov5s.pt
detect: weights=['yolov5s.pt'], source=data/images/bus.jpg, data=data\coco128.yaml, imgsz=[640,
 640], conf_thres=0.25, iou_thres=0.45, max_det=1000, device=, view_img=False, save_txt=False,
save_conf=False, save_crop=False, nosave=False, classes=None, agnostic_nms=False, augment=False
, visualize=False, update=False, project=runs\detect, name=exp, exist_ok=False, line_thickness=
3, hide_labels=False, hide_conf=False, half=False, dnn=False, vid_stride=1
YOLOv5  2022-12-27 Python-3.8.15 torch-1.8.0 CPU

Fusing layers...
YOLOv5s summary: 213 layers, 7225885 parameters, 0 gradients, 16.4 GFLOPs
image 1/1 C:\yolov5-car\data\images\bus.jpg: 640x480 4 persons, 1 bus, 148.6ms
Speed: 0.0ms pre-process, 148.6ms inference, 2.0ms NMS per image at shape (1, 3, 640, 640)
Results saved to runs\detect\exp2
```

图 3-9　测试结果

从图 3-9 可以看出，检测结果输出在 runs\detect\exp2 文件夹下，图 3-10 为检测测试结果，从图 3-10（b）可看出，模型将检测出的结果都用方框框出，并标出了置信度，检测出了 4 个 person 和 1 个 bus，使用了 148.6 ms。

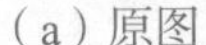

（a）原图　　　　（b）检测结果

图 3-10　检测测试

步骤 10　切换源。

如果在安装 PyTorch 时，出现安装进度比较慢的情况，可以执行如下命令切换为清华镜像源。

```
conda config --add channels https://mirrors.tuna.tsinghua.edu.cn/anaconda/cloud/msys2/
conda config --add channels https://mirrors.tuna.tsinghua.edu.cn/anaconda/cloud/conda-forge/
conda config --add channels https://mirrors.tuna.tsinghua.edu.cn/anaconda/pkgs/free/
conda config --set show_channel_urls yes
```

在路径 C:\Users\Administrator\ 下查看文件 .condarc，使用记事本打开，将 channels 中的 -defaults 删除。得到如图 3-11 所示的 channels。

```
report_errors: true
channels:
  - https://mirrors.tuna.tsinghua.edu.cn/anaconda/pkgs/free/
  - https://mirrors.tuna.tsinghua.edu.cn/anaconda/cloud/conda-forge/
  - https://mirrors.tuna.tsinghua.edu.cn/anaconda/cloud/msys2/
  - https://mirrors.tuna.tsinghua.edu.cn/anaconda/cloud/pytorch/
  - https://mirrors.tuna.tsinghua.edu.cn/anaconda/cloud/menpo/
  - https://mirrors.tuna.tsinghua.edu.cn/anaconda/cloud/bioconda/
  - https://mirrors.tuna.tsinghua.edu.cn/anaconda/pkgs/main/
show_channel_urls: true
ssl_verify: false
default_python:
```

图 3-11 channels 信息

任务 3-2 实现汽车检测系统

任务要求

此任务要求完成数据集的收集、预处理的标注，并使用标注的数据实现基于YOLOv5 的汽车检测系统以及系统测试。

任务实施

步骤 1 数据标注。

目前人工智能的数据集较为丰富，网络上有许多开源的、已标注好的汽车检测数据库，也可以通过网络爬虫进行实际图像采集。在此，我们在网络中获取了 36 张汽车图像，如图 3-12 所示给出了部分汽车图像数据。

图 3-12 部分汽车数据集

在准备好训练数据后就可以进行数据标注了，这里使用的数据标注工具为 labelimg，在 Anaconda 环境下使用如下命令可安装 labelimg，在安装之前先创建虚拟环境。

```
pip install labelimg
```

labelimg 标注界面如图 3-13 所示。首先创建需要的标签 car，如图 3-14 所示，接着在图 3-14 所示的标注页面左侧 Save 按钮下单击切换需要保存的标签格式，将标签格式设置为 yolo，如图 3-15 所示。

图 3-13 标注图像

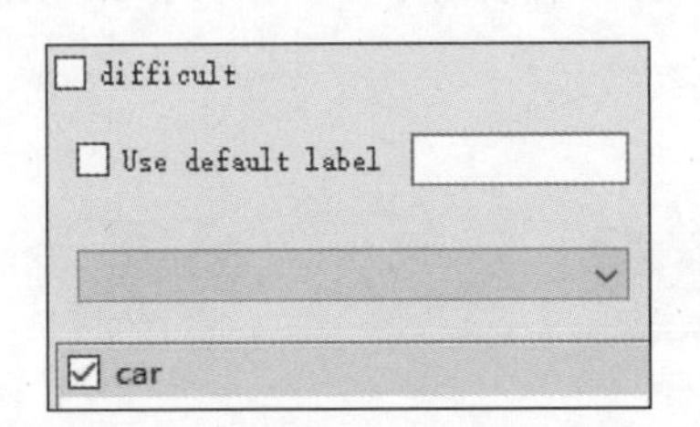

图 3-14 标签

图 3-15 YOLO 格式

设置完成以后，接下来使用 CreateRectBox 创建矩形区域并给出标签 car。标注完成后发现在目标文件下有 36 个 .txt 文件，.txt 文件的名称和图像的名称一一对应，如图 3-16 所示。

对应的 .txt 文件中记录了目标的信息，由 5 个数字组成。第一个数字表示目标类别编号，另外 4 个数字表示目标的位置信息：标注框横向的相对中心坐标 x_center、标注框纵向的相对中心坐标 y_center、标注框相对宽度 width、标注框相对高度 height，其中 width、height 为像素值除以图像高和宽后的值。在其他的 .txt 文件中，如果目标类别和此类别一样，那么它的编号则一样。编号在所有的 .txt 文件中具有全局性，因为只标注了一个目标 car，所以对应的 .txt 文件中只有一个标记 0，如图 3-17 所示。

图 3-16 标注结果

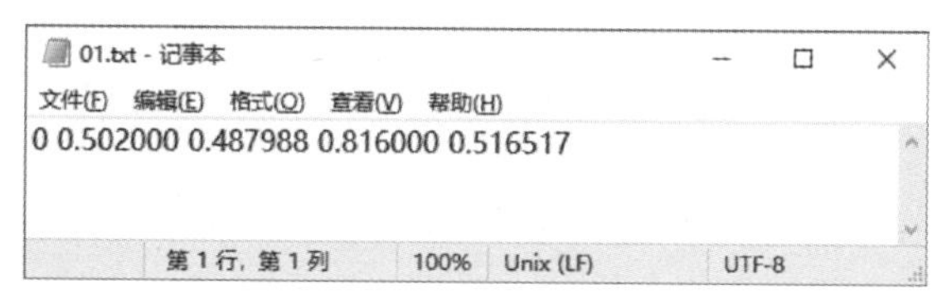

图 3-17 标注信息

步骤 2 准备数据集。

首先划分数据集，我们将编号 1~30 的图像作为训练集图像，将编号 31~36 的图像作为验证集图像。在 C:\yolov5-car 目录下创建 myData 文件夹，并在 myData 文件夹下创建 image 文件夹，image 文件夹用于存放图像及其对应的标注标签 .txt 文件，然后在这两个文件夹下建立 train 和 val 文件夹，如图 3-18 所示。

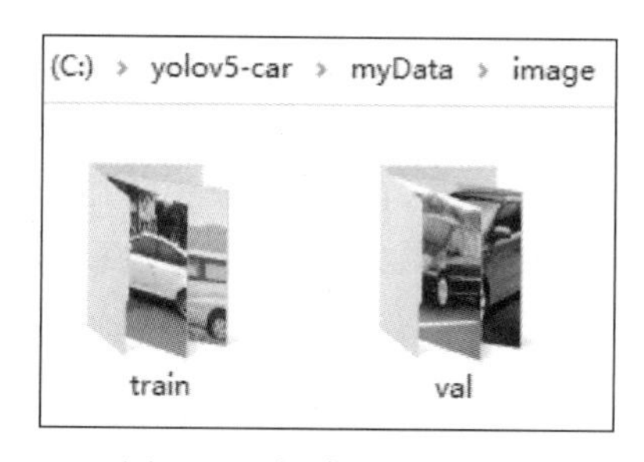

图 3-18 创建数据集目录

然后将对应的文件复制到对应的文件夹下，数据目录信息如下。

```
Yolov5-car
 └── myData
 ├── image
```

```
| ├── train        # 下面放训练集图像和训练集标签
| └── val          # 下面放验证集图像和验证集标签
```

步骤 3　设置模型参数。

配置文件存放在 C:\yolov3-car\data 路径下，以 coco128.yaml 为例，并在此基础上修改相关配置来训练自己的数据集。coco128.yaml 文件如图 3-19 所示。

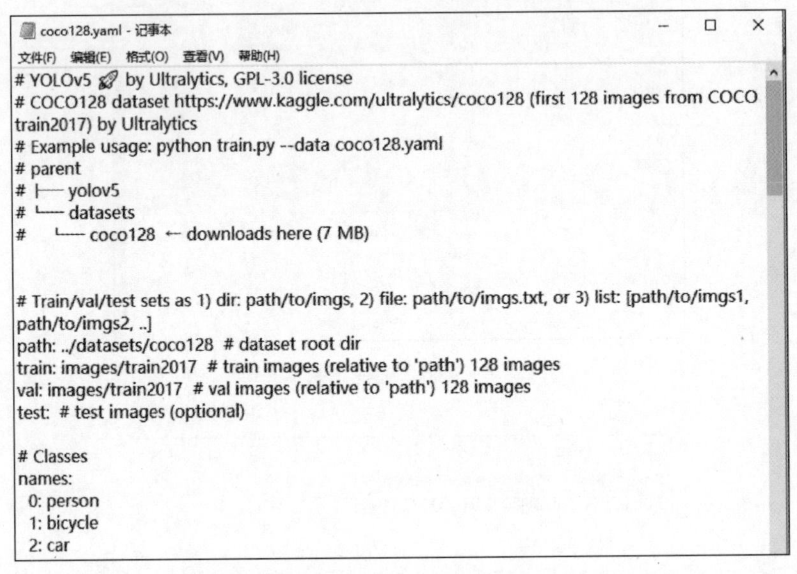

图 3-19　coco128.yaml 文件

接下来，根据实际情况修改配置文件。

（1）修改文件路径，将 names 改为 car，原本的 coco 数据集有 80 个类别。

（2）将路径进行修改，路径改为实际的图像存放位置，修改后的文件内容如图 3-20 所示。

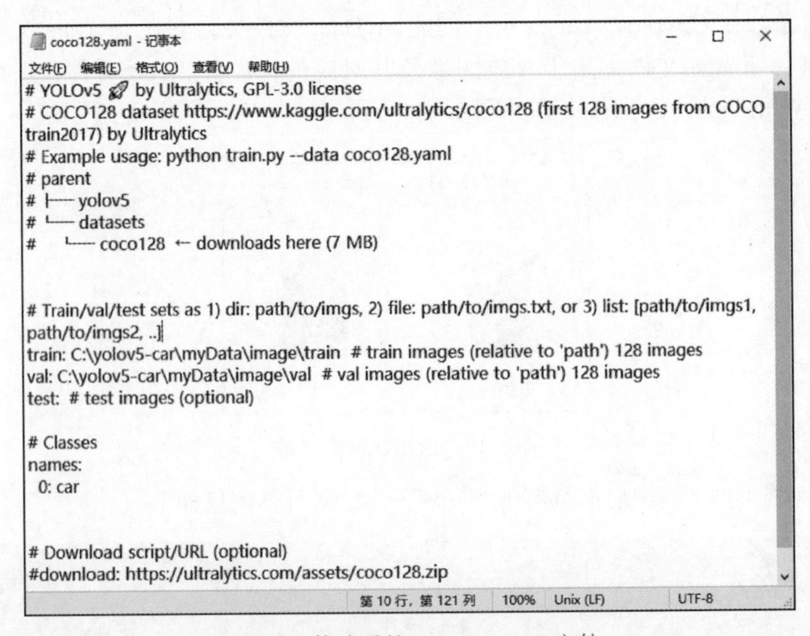

图 3-20　修改后的 coco128.yaml 文件

（3）修改 C:\yolov3-car\models 目录中的模型文件，这里以 yolov5s.yaml 为例，文件内容如图 3-21 所示。因为只有 car 一个类别，因此 nc= 类别数 +1，所以将 nc 改为 2。

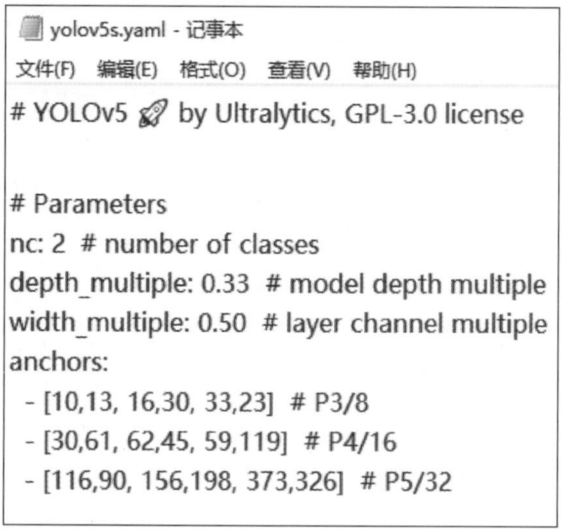

```
yolov5s.yaml - 记事本
文件(F)  编辑(E)  格式(O)  查看(V)  帮助(H)
# YOLOv5 🚀 by Ultralytics, GPL-3.0 license

# Parameters
nc: 2  # number of classes
depth_multiple: 0.33  # model depth multiple
width_multiple: 0.50  # layer channel multiple
anchors:
  - [10,13, 16,30, 33,23]  # P3/8
  - [30,61, 62,45, 59,119]  # P4/16
  - [116,90, 156,198, 373,326]  # P5/32
```

图 3-21 yolov5s.yaml 文件部分内容

步骤 4 训练模型。

当配置好环境与数据时，即可开启模型的训练。进入到 C:\yolov3-car\models 目录下，使用如下命令进行模型训练。

```
python train.py --cfg models/Yolov5s.yaml --data data/coco128.yaml --weights Yolov5s.pt
--epoch 150 --batch-size 1
```

- train.py：训练脚本的文件名，用于执行 YOLOv5 的训练过程。
- --cfg models/Yolov5s.yaml：指定 YOLOv5 模型的配置文件路径，该文件包含了模型的各种配置信息，如网络结构、超参数等。
- --data data/coco128.yaml：指定用于训练的数据集的配置文件路径，该文件包含了数据集的相关信息，如数据路径、类别等。
- --weights Yolov5s.pt：指定用于初始化模型权重的预训练权重文件的路径。
- --epoch 150：指定训练的总轮数（epoch 数）。
- --batch-size 1：指定每一批次（batch）的样本数量。

当迭代次数达到上限或者误差小于设定误差时，完成训练。图 3-22 为达到最大迭代次数的信息。

从图 3-22 中可以看出，训练最优的模型被保存在 runs\train\exp8\weights\best.pt 中，将 best.pt 复制到项目根目录下以方便调用。

```
管理员: Anaconda Prompt (Anaconda3) - conda  deactivate
      Epoch    GPU_mem   box_loss   obj_loss   cls_loss  Instances       Size
    146/149     0.608G    0.01953    0.01424          0          4        640: 100%|██████████| 30/30 [00:02<00:00, 13.
                 Class     Images  Instances          P          R      mAP50   mAP50-95: 100%|██████████| 3/3 [00:00<0
                   all          6          6      0.993          1      0.995      0.746

      Epoch    GPU_mem   box_loss   obj_loss   cls_loss  Instances       Size
    147/149     0.608G    0.01924    0.01345          0          1        640: 100%|██████████| 30/30 [00:02<00:00, 11.
                 Class     Images  Instances          P          R      mAP50   mAP50-95: 100%|██████████| 3/3 [00:00<0
                   all          6          6      0.992          1      0.995       0.73

      Epoch    GPU_mem   box_loss   obj_loss   cls_loss  Instances       Size
    148/149     0.608G    0.01763    0.01285          0          2        640: 100%|██████████| 30/30 [00:02<00:00, 12.
                 Class     Images  Instances          P          R      mAP50   mAP50-95: 100%|██████████| 3/3 [00:00<0
                   all          6          6      0.992          1      0.995       0.73

      Epoch    GPU_mem   box_loss   obj_loss   cls_loss  Instances       Size
    149/149     0.608G    0.02206    0.01611          0          4        640: 100%|██████████| 30/30 [00:02<00:00, 11.
                 Class     Images  Instances          P          R      mAP50   mAP50-95: 100%|██████████| 3/3 [00:00<0
                   all          6          6      0.992          1      0.995      0.752

150 epochs completed in 0.127 hours.
Optimizer stripped from runs\train\exp8\weights\last.pt, 14.4MB
Optimizer stripped from runs\train\exp8\weights\best.pt, 14.4MB

Validating runs\train\exp8\weights\best.pt...
Fusing layers...
YOLOv5s summary: 157 layers, 7012822 parameters, 0 gradients
                 Class     Images  Instances          P          R      mAP50   mAP50-95: 100%|██████████| 3/3 [00:00<0
                   all          6          6      0.978          1      0.995      0.805
Results saved to runs\train\exp8
```

图 3-22　训练损失

步骤 5　测试模型。

当训练完成后即可对模型进行测试，图 3-23 和图 3-24 为检测结果，可以看出模型将检测的目标框出，并给出了置信度。

```
python detect.py --source test.jpg --weights best.pt
```

（a）原图　　　　（b）检测结果

图 3-23　检测结果（1）

（a）原图　　　　（b）检测结果

图 3-24　检测结果（2）

学习评价

任务评价表

任务名称	任务详情	评价要素	分值	评价主体		
				学生自评	小组互评	教师点评
了解目标检测步骤	熟知目标检测中每一步的意义、关键点	熟知程度	10			
采集汽车数据并标注	采集包含汽车的图像200~300张，并使用labelimg工具进行标注	是否完成采集，标注是否符合规范	30			
基于YOLOv5搭建汽车检测系统环境	安装相关环境、测试模型	是否安装成功	30			
完成汽车检测系统模型	配置模型、训练模型，使用训练好的模型进行汽车检测	检测正确率	30			

人脸关键点检测系统

项目导读

关键点检测（keypoint detection）是计算机视觉中的一种技术，它有着广泛的应用场景，如人脸识别、姿态估计、动作预测等，其目的是在图像或视频中自动检测出特定物体或场景中的关键点，如人脸中的眼睛、鼻子和嘴巴等部位，或者人体姿态中的关节位置。本项目将介绍基于神经网络的人脸关键点检测系统。

知识目标

了解关键点检测技术的方法分类、工作原理；掌握搭建关键点检测技术的环境；理解关键点检测技术的工作流程。

能力目标

掌握关键点检测数据的标注、设计关键点检测网络结构的方法；使用设计的网络训练关键点检测模型并进行人脸关键点检测。

素质目标

了解在人工智能技术应用过程中，也存在一些道德和伦理问题，如隐私保护、歧视性等问题，思考如何在应用人工智能技术时保护人类利益和社会公正，培养伦理素养和社会责任感。

项目重难点

工 作 任 务	建议学时	重 难 点	重要程度
任务 4–1 完成关键点检测系统的环境搭建	1	了解关键点检测	★★☆☆☆
		了解关键点检测方法	★★☆☆☆
		了解基于深度学习关键点检测步骤	★★☆☆☆
		完成关键点检测系统的环境搭建	★★☆☆☆
任务 4–2 实现人脸关键点检测系统	4	了解数据集	★★☆☆☆
		数据预处理	★★☆☆☆
		训练网络模型	★★☆☆☆

任务 4–1 完成关键点检测系统的环境搭建

任务要求

此任务将会介绍关键点检测的步骤、常见关键点检测方法，要求读者完成人脸检测系统相关软件和库（如 Scikit-Learn、Panada 和 Imgaug）的安装，完成人脸检测系统的环境搭建。

知识准备

1. 关键点检测

关键点检测方法通常包括两个步骤：特征提取和特征匹配。在特征提取阶段，模型提取图像中的特征信息，并识别关键点。图 4-1 给出了人脸的关键点信息，如眼睛、鼻子、嘴巴等。这些特征可以是图像中的边缘和角点等。在特征匹配阶段，模型利用提取的特征识别关键点的位置。

图 4-1 人脸关键点

2. 关键点检测方法

在 2014 年以前，关键点检测主要采取特征算子进行特征提取，结合图结构模型来检测关节点位置。特征算子是在计算机视觉和图像处理领域中常用的一种技术，用于从图像或其他数据中提取有用的信息或特征。以下是几种常用的关键点检测方法。

（1）Harris 角点检测：一种基于角点的关键点检测方法，通过计算图像像素值的二阶微分矩阵的特征值来确定关键点。

（2）SIFT：一种基于特征的关键点检测方法，具有鲁棒性和不变性，适用于多种图像处理任务。

（3）SURF：一种基于 SIFT 的快速关键点检测方法，通过使用快速卷积和其他技术来提高检测速度。

（4）ORB（oriented FAST and rotated BRIEF）：一种结合了 FAST（一种检测图像灰度变化明显地方的方法，速度非常快）角点检测和 BRIEF（binary robust independent elementary features）特征描述子的关键点检测方法，具有高效性和鲁棒性。

（5）BRISK（binary robust invariant scalable keypoints）：一种基于 FAST 角点检测的关键点检测方法，适用于处理低分辨率和低光照条件下的图像。

（6）AKAZE（accelerated-KAZE）：一种基于 KAZEL 特征描述子的关键点检测方法，具有高效性和鲁棒性。

随着深度学习和相关数据集的发展，关键点检测技术取得了突破性的进展。2D 物体的姿态估计问题可以分为单个姿态估计和多个姿态估计。单个姿态估计直接对应单个区域预测物体关键点，常作为多个姿态估计的基础。多个姿态估计需要对输入图像中的所有物体同时进行关键点检测，一般分为自底而上（bottom-up）和自顶而下（top-down）两种思路。

自底而上的关键点检测方法：直接从原图检测物体的关键点，再根据不同关键点间的关系进行分组。该方法首先是预测图像中物体的所有关键点，然后把识别出来的各个关键点分别组合为属于某个物体的完整关键点，最后通过这些关键点的骨骼，得到最终的物体姿态。

自顶而下的关键点检测方法：先检测物体区域，再对每个物体进行关键点检测，可视为物体检测和单个物体姿态估计的组合。一般情况下，这种方法不是独立存在的，而是和物体目标检测模块同时存在，所以采用该思路的方法比自底而上的方法准确度更高一些。

任务实施

步骤 1　了解所需软件和库。

本任务采用基于深度学习的自底而上的方法进行关键点检测，其中，部分重要的库如表 4-1 所示（本表只提供之前任务中没有安装过的库）。

表 4-1　实验环境

项　　目	版　　本
操作系统	Windows 10 64 位专业版
开发语言	Python 3.8.8
TensorFlow-GPU	2.9.0

续表

项　　目	版　　本
TensorBoard	2.9.1
Scikit-Learn	1.2.2
Pillow	9.4.0
Pandas	1.5.3
NumPy	1.24.2
Imgaug	0.4.0

步骤 2　搭建虚拟环境。

为了便于软件库管理，创建虚拟环境进行配置。使用如下命令创建虚拟环境，后面所安装的软件和库都在虚拟环境 c03 下进行。

```
conda create -n c03 python=3.8
```

步骤 3　安装 Scikit-Learn。

Scikit-Learn 是一个基于 Python 的机器学习库，它提供了各种机器学习算法和工具，可以用于分类、回归、聚类、降维等多种任务。Scikit-Learn 可以轻松地实现常见的机器学习流程，并支持交叉验证和模型选择等功能。可以使用如下命令安装。

```
pip install scikit-learn==1.2.2
```

步骤 4　安装 Pandas。

Pandas 是一个基于 Python 的数据处理库，它提供了强大的数据结构和数据分析工具，可以处理和分析各种数据集。Pandas 主要提供了两种数据结构：Series（一维数据）和 DataFrame（二维数据），可以用于数据清洗、预处理数据、数据聚合等多种任务。可以使用如下命令安装。

```
pip install Pandas==1.5.3
```

步骤 5　安装 Imgaug。

Imgaug 是一个基于 Python 的图像增强库，它提供了多种图像增强方法，可以用于增强图像数据集，以提高机器学习模型的性能。Imgaug 支持多种增强方法，如旋转、平移、缩放、翻转、去除噪声等，可以轻松地创建自己的图像增强流程。可以使用如下命令安装。

```
pip install imgaug==0.4.0
```

步骤 6　检查是否安装成功。

最后需要检查环境是否搭建成功，使用如下命令，如果显示的结果中已经包含了表 4-1

中的对应版本的库，说明环境已经搭建成功。

```
pip list
```

任务 4-2 实现人脸关键点检测系统

■ 任务要求

此任务要求读者能够实现人脸关键点检测系统，该系统主要分为如下几个部分：读取数据、预处理数据、划分数据集、设置模型、训练模型和测试模型。

知识准备

Facial-keypoint 数据集是一个公开的、用于面部关键点检测的数据集，包含了超过 7000 张面部图像和每张图像中 15 个面部关键点的坐标数据。这个数据集的来源是 Kaggle 上的一个比赛，它旨在让参赛者使用机器学习方法来预测面部关键点的坐标。面部关键点可以用于许多应用，如人脸识别、情感分析、面部姿势估计等。

Facial-keypoint 数据集中的每个面部图像都是来自不同的人脸，包括不同性别、种族和年龄的人。这些面部图像是从网络上收集而来，并且经过了预处理，包括灰度化、归一化、去除噪声等。除了面部图像和关键点坐标数据，Facial-keypoint 数据集还提供了一个用于训练模型的 .csv 文件，其中包括每个面部图像的文件名、关键点坐标等信息。

任务实施

步骤 1　读取数据。

（1）显示 input 文件夹下的文件，其中使用 os.walk() 函数来扫描 input 文件夹下所包含的子目录和文件，代码如下。

```
import os
for dirname, _, filenames in os.walk('input'):
    for filename in filenames:
        print(os.path.join(dirname, filename))
```

输出结果如下。

```
input\IdLookupTable.csv
input\SampleSubmission.csv
input\test.csv
input\test.zip
```

```
input\training.csv
input\training.zip
```

（2）读取文件，使用 Pandas 库读取所需要的 .csv 文件，代码如下。

```
import Pandas as pd
train_file = 'input/training.csv'
lookup_file = 'input/IdLookupTable.csv'
train = pd.read_csv(train_file)
lookup = pd.read_csv(lookup_file)
```

（3）显示前两个数据，代码如下。

```
train_file.head(2)
```

输出结果如图 4-2 所示。

	0	1
left_eye_center_x	66.033564	64.332936
left_eye_center_y	39.002274	34.970077
right_eye_center_x	30.227008	29.949277
right_eye_center_y	36.421678	33.448715
left_eye_inner_corner_x	59.582075	58.85617
left_eye_inner_corner_y	39.647423	35.274349
left_eye_outer_corner_x	73.130346	70.722723
left_eye_outer_corner_y	39.969997	36.187166
right_eye_inner_corner_x	36.356571	36.034723
right_eye_inner_corner_y	37.389402	34.361532
right_eye_outer_corner_x	23.452872	24.472511
right_eye_outer_corner_y	37.389402	33.144443
left_eyebrow_inner_end_x	56.953263	53.987404
left_eyebrow_inner_end_y	29.033648	28.275949
left_eyebrow_outer_end_x	80.227128	78.634213
left_eyebrow_outer_end_y	32.228138	30.405923
right_eyebrow_inner_end_x	40.227609	42.728851
right_eyebrow_inner_end_y	29.002322	26.146043
right_eyebrow_outer_end_x	16.356379	16.865362
right_eyebrow_outer_end_y	29.647471	27.05886
nose_tip_x	44.420571	48.206298
nose_tip_y	57.066803	55.660936
mouth_left_corner_x	61.195308	56.421447
mouth_left_corner_y	79.970165	76.352
mouth_right_corner_x	28.614496	35.122383
mouth_right_corner_y	77.388992	76.04766
mouth_center_top_lip_x	43.312602	46.684598
mouth_center_top_lip_y	72.935459	70.266553
mouth_center_bottom_lip_x	43.130707	45.467915
mouth_center_bottom_lip_y	84.485774	85.48017
Image	238 236 237 238 240 240 239 241 241 243 240 23...	219 215 204 196 204 211 212 200 180 168 178 19...

图 4-2　显示前两个数据

（4）显示数据信息，代码如下。

```
train.info()
```

输出结果如下。

```
<class 'Pandas.core.frame.DataFrame'>
RangeIndex: 7049 entries, 0 to 7048
Data columns (total 31 columns):
 #   Column                     Non-Null Count  Dtype
---  ------                     --------------  -----
 0   left_eye_center_x          7039 non-null   float64
 1   left_eye_center_y          7039 non-null   float64
 2   right_eye_center_x         7036 non-null   float64
 3   right_eye_center_y         7036 non-null   float64
 4   left_eye_inner_corner_x    2271 non-null   float64
 5   left_eye_inner_corner_y    2271 non-null   float64
 6   left_eye_outer_corner_x    2267 non-null   float64
 7   left_eye_outer_corner_y    2267 non-null   float64
 8   right_eye_inner_corner_x   2268 non-null   float64
 9   right_eye_inner_corner_y   2268 non-null   float64
 10  right_eye_outer_corner_x   2268 non-null   float64
 11  right_eye_outer_corner_y   2268 non-null   float64
 12  left_eyebrow_inner_end_x   2270 non-null   float64
 13  left_eyebrow_inner_end_y   2270 non-null   float64
 14  left_eyebrow_outer_end_x   2225 non-null   float64
 15  left_eyebrow_outer_end_y   2225 non-null   float64
 16  right_eyebrow_inner_end_x  2270 non-null   float64
 17  right_eyebrow_inner_end_y  2270 non-null   float64
 18  right_eyebrow_outer_end_x  2236 non-null   float64
 19  right_eyebrow_outer_end_y  2236 non-null   float64
 20  nose_tip_x                 7049 non-null   float64
 21  nose_tip_y                 7049 non-null   float64
 22  mouth_left_corner_x        2269 non-null   float64
 23  mouth_left_corner_y        2269 non-null   float64
 24  mouth_right_corner_x       2270 non-null   float64
 25  mouth_right_corner_y       2270 non-null   float64
 26  mouth_center_top_lip_x     2275 non-null   float64
 27  mouth_center_top_lip_y     2275 non-null   float64
 28  mouth_center_bottom_lip_x  7016 non-null   float64
 29  mouth_center_bottom_lip_y  7016 non-null   float64
 30  Image                      7049 non-null   object
dtypes: float64(30), object(1)
memory usage: 1.7+ MB
```

（5）在一个图中显示出数据点，如图 4-3 所示。

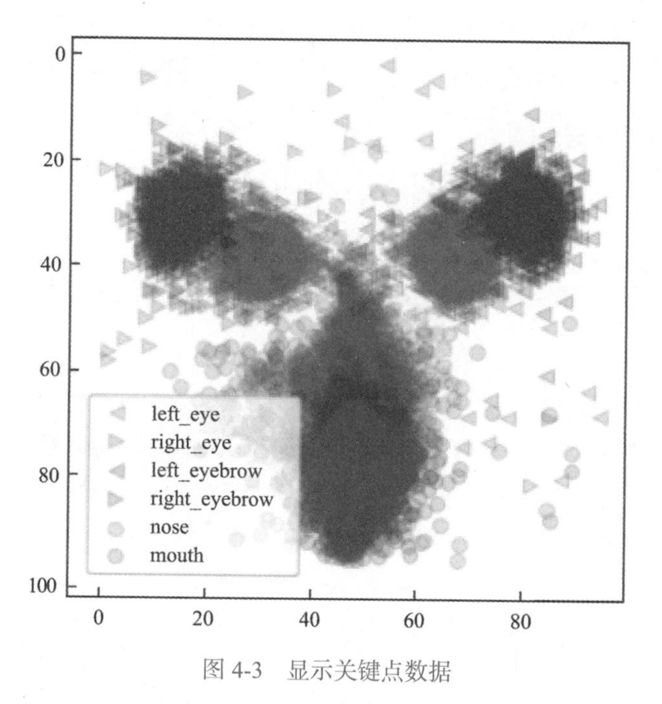

图 4-3　显示关键点数据

（6）显示数据信息，代码如下，输出结果如图 4-4 所示。

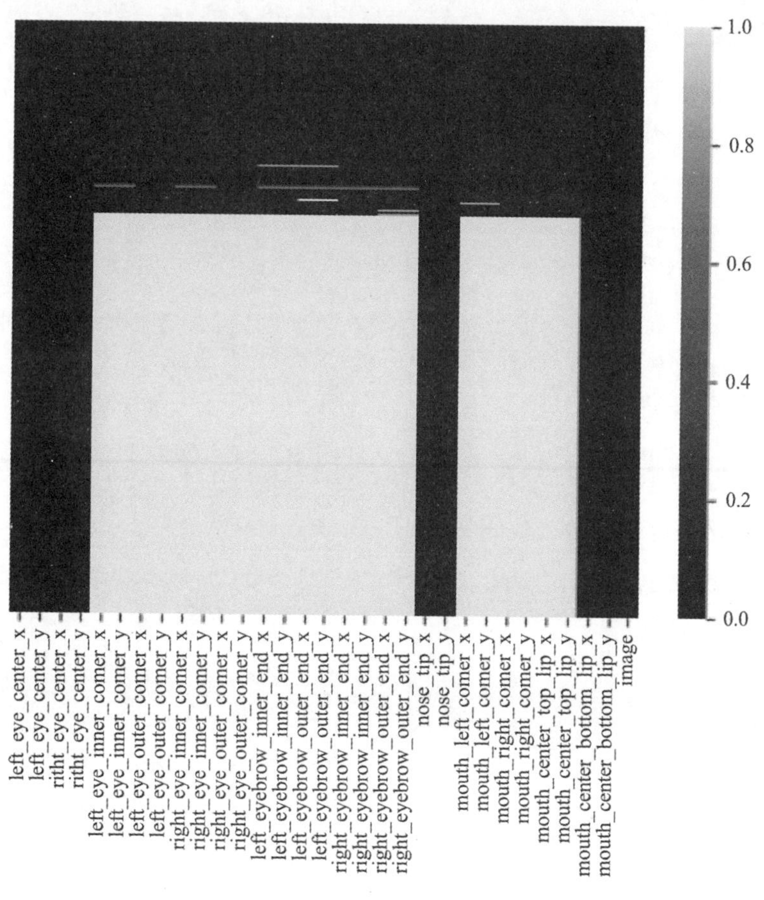

图 4-4　数据信息

```
import seaborn as sns
sns.heatmap(train.isnull(),yticklabels = False, cbar ='BuPu')
```

步骤 2　预处理数据。

（1）使用 isnull 判断变量是否为空值，并使用 value_counts() 统计空值，最后显示空值数据个数，代码如下。

```
train.isnull().any().value_counts()
```

输出结果如下。

```
True      28
False     3
dtype: int64
```

（2）使用前一个非空值进行空值填充，代码如下。

```
train.fillna(method = 'ffill',inplace = True)
train.isnull().any().value_counts()
```

输出结果如下。

```
False  31
dtype: int64
```

（3）定义图像处理函数。将图像的大小都修改成 96 像素 × 96 像素，并将图像的像素值都进行归一化，代码如下。

```
import numpy as np
def process_img(data):
    images = []
    for idx, sample in data.iterrows():
        image = np.array(sample['Image'].split(' '), dtype=int)
        image = np.reshape(image, (96,96,1))
        images.append(image)
    images = np.array(images)/255.
    return images
```

（4）定义关键点处理函数，代码如下。

```
def keypoints(data):
    keypoint = data.drop('Image',axis = 1)
    keypoint_features = []
    for idx, sample_keypoints in keypoint.iterrows():
        keypoint_features.append(sample_keypoints)
    keypoint_features = np.array(keypoint_features, dtype = 'float')
    return keypoint_features
```

（5）进行图像处理和关键点处理，代码如下。

```
data = process_img(train)
```

```
    target = keypoints(train)
```

（6）定义图像旋转函数，对图像进行旋转可以扩充图像，增加数据集，使得模型的泛化能力更强，在对图像进行旋转时，还要对关键点进行旋转，代码如下。

```
def aug_rotation(X, y, rotation_angles=[10]):
    rotated_images = []                         # 存储旋转后的图像
    rotated_keypoints = []                      # 存储旋转后的关键点
    size = X.shape[1]                           # 图像尺寸，假设高和宽相等
    center = (int(size/2), int(size/2))         # 图像旋转中心点
    for angle in rotation_angles:               # 遍历每个旋转角度
        for sign in [1, -1]:                    # 遍历正负旋转方向
            rot_angle = angle * sign            # 计算旋转角度
            rot_mat = cv2.getRotationMatrix2D(center, rot_angle, 1.)
                                                # 计算旋转变换矩阵
            angle_rad = -rot_angle * pi / 180       # 将旋转角度转换为弧度
            for image in X:                     # 遍历每张图像
                rotated_image = cv2.warpAffine(image.reshape(size,size),
                # 进行图像旋转
                rot_mat, (size, size), flags=cv2.INTER_CUBIC)
                # 将旋转后的图像添加到列表中
                rotated_images.append(rotated_image)
            for keypoint in y:  # 遍历每个关键点
                # 将关键点坐标转换为以图像中心为原点的坐标
                rotated_keypoint = keypoint - size / 2
                # 遍历关键点坐标的 x 和 y 值
                for idx in range(0, len(rotated_keypoint), 2):
                x = rotated_keypoint[idx]
                y = rotated_keypoint[idx + 1]
                rotated_keypoint[idx] = x * cos(angle_rad) - y *
                sin(angle_rad)  # 应用旋转变换，更新 x 坐标
                rotated_keypoint[idx + 1] = x * sin(angle_rad) + y *
                cos(angle_rad)  # 应用旋转变换，更新 y 坐标
            # 将旋转后的关键点坐标转换回以图像左上角为原点的坐标
            rotated_keypoint += size / 2
            # 将旋转后的关键点添加到列表中
            rotated_keypoints.append(rotated_keypoint)
      return np.reshape(rotated_images, (-1, size, size, 1)), np.ar-
      ray(rotated_keypoints)  # 返回旋转后的图像和关键点
```

（7）定义添加噪声函数，同样也是图像数据集的增强方式，在此只对图像添加噪声，代码如下。

```
def aug_noise(X, y, noise=0.005):
    noisy_images = []
    size = X.shape[1]
    for image in X:
        noisy_image = image + noise*np.random.randn(size,size,1)
```

```
        noisy_images.append(noisy_image)
    return np.array(noisy_images), y
```

（8）定义图像平移函数，也是为了扩充图像数据集，同时也要对图像的关键点进行平移，代码如下。

```
    size = X.shape[1]  # 获取图像尺寸
    shifted_images = []  # 存储平移后的图像
    shifted_keypoints = []  # 存储平移后的关键点

    for shift in pixel_shifts:  # 遍历每个像素平移的大小
        for (shift_x, shift_y) in [(-shift, -shift), (-shift, shift), (shift, 
-shift), (shift, shift)]:
            # 遍历每种平移方式，包括上、下、左、右四种情况
            sh = np.float32([[1, 0, shift_x], [0, 1, shift_y]])  # 构建平移矩阵
            for image, keypoint in zip(X, y):  # 遍历每个输入的图像和关键点
                shifted_image = cv2.warpAffine(image, sh, (size, size), 
flags=cv2.INTER_CUBIC)
                # 使用 OpenCV 的 warpAffine 函数对图像进行平移
                # 输入参数包括原始图像、平移矩阵、目标图像尺寸以及插值方式
                shifted_keypoint = np.array([(point + shift_x) if idx % 2 
== 0 else (point + shift_y) for idx, point in enumerate(keypoint)])
                # 对关键点进行平移，根据关键点的坐标位置和平移大小来调整
                # 需要注意的是，x 坐标和 y 坐标需要分别进行平移
                # 对关键点坐标进行裁剪，确保在图像尺寸内
                shifted_keypoint = np.clip(shifted_keypoint, 0.0, size)
                # 将平移后的关键点添加到列表中
                shifted_keypoints.append(shifted_keypoint)
                # 将平移后的图像添加到列表中
                shifted_images.append(shifted_image.reshape(size, size, 1))
    return np.array(shifted_images), np.array(shifted_keypoints)  # 返回平移
后的图像和关键点的 numpy 数组形式
```

（9）定义图像显示函数，在显示图像时也需要显示出关键点，代码如下。

```
    from keras.preprocessing.image import array_to_img
    def plot_images(images, points, ncols, shrinkage=0.2):
        nindex, height, width, intensity = images.shape # 图像数组的维度信息，
包括数量、高度、宽度和强度
        nrows = nindex//ncols                       # 计算图像展示的行数
        fig_width = int(width*ncols*shrinkage)      # 计算图像展示的总宽度
        fig_height = int(height*nrows*shrinkage) # 计算图像展示的总高度
        # 创建子图，指定图像展示的大小
        fig, axes = plt.subplots(nrows, ncols, figsize=(fig_width, fig_height))
        axes = axes.flatten()           # 将子图展平为一维数组
        for k in range(nindex):         # 遍历每一张图像
            img = images[k]             # 取出当前图像
            img = array_to_img(img) # 将图像数组转换为图像对象
            ax = axes[k]                # 取出当前子图对象
```

```
        ax.imshow(img, cmap="Greys_r") # 在子图上展示图像，使用灰度色彩映射
        # 取出当前图像对应的关键点的 x 坐标
        pnt_x = [points[k][2*j] for j in range(15)]
        # 取出当前图像对应的关键点的 y 坐标
        pnt_y = [points[k][2*j+1] for j in range(15)]
        # 在子图上绘制关键点的散点图，使用绿色标记
        ax.scatter(pnt_x,pnt_y,s=50,c='g')
        ax.set_axis_off() # 关闭子图的坐标轴显示
    fig.tight_layout()    # 调整子图布局
    plt.show()            # 展示图像
```

（10）进行图像旋转并显示旋转后的维度，代码如下。

```
import cv2
from math import sin, cos, pi
X_rot, y_rot = aug_rotation(data,target)
print(X_rot.shape, y_rot.shape)
```

输出结果如下。

```
(14098, 96, 96, 1) (14098, 30)
```

（11）显示旋转后的图像，如图4-5所示，可以看到旋转后图像中的关键点也发生了相应的旋转，代码如下。

```
from tensorflow.keras.preprocessing.image import array_to_img, img_to_
array, load_img
plot_images(X_rot[:4], y_rot[:4], 4, shrinkage=0.1)
```

图4-5 旋转后的图像

（12）进行平移图像和添加噪声，代码如下。

```
X_shift, y_shift = aug_shift(data,target)
X_noise, y_noise = aug_noise(data,target)
```

（13）数据连接，将原数据、旋转后数据、平移后数据和旋转后数据进行连接，这样数据集便得到了扩充，代码如下。

```
data_new = np.concatenate((data, X_noise, X_shift, X_rot))
target_new = np.concatenate((target, y_noise, y_shift, y_rot))
```

（14）显示数据维度，代码如下。

```
print(data_new.shape, data_new.shape)
print(data.shape, target.shape)
print(X_noise.shape, y_noise.shape)
print(X_shift.shape, y_shift.shape)
print(X_rot.shape, y_rot.shape)
```

输出结果如下。

```
(40989, 96, 96, 1) (40989, 96, 96, 1)
(7049, 96, 96, 1) (7049, 30)
(7049, 96, 96, 1) (7049, 30)
(12793, 96, 96, 1) (12793, 30)
(14098, 96, 96, 1) (14098, 30)
```

步骤 3　划分数据集。

（1）使用 sklearn 库中的 train_test_split 函数进行数据集划分，将数据集划分为训练集和剩余部分，并将剩余部分划分为验证集和测试集，代码如下。

```
from sklearn.model_selection import train_test_split
X_train, X_temp, y_train, y_temp = train_test_split(data_new, target_new, test_size=0.2, random_state=1234)
X_test, X_val, y_test, y_val = train_test_split(X_temp, y_temp, test_size=0.2, random_state=1234)
```

（2）显示划分后训练集、验证集和测试集数据的维度，代码如下。

```
print(X_train.shape,y_train.shape)
print(X_val.shape,y_val.shape)
print(X_test.shape,y_test.shape)
```

输出结果如下。

```
(32791, 96, 96, 1)  (32791, 30)
(1640, 96, 96, 1)   (1640, 30)
(6558, 96, 96, 1)   (6558, 30)
```

步骤 4　设置模型。

（1）查看 GPU 是否可用，如果不可用，则需要对相应的库和软件进行检查，代码如下。

```
import tensorflow as tf
print(tf.test.is_gpu_available())
```

输出结果如下，说明 GPU 可用。

```
WARNING:tensorflow:From C:\Users\Administrator\AppData\Local\Temp\ipykernel_19580\1473334969.py:2: is_gpu_available (from tensorflow.python.framework.test_util) is deprecated and will be removed in a future version.
```

```
    Instructions for updating:
    Use 'tf.config.list_physical_devices('GPU')' instead.
    True
```

（2）设置模型，模型是一个卷积神经网络，用于关键点检测（keypoints detection）任务。它包含多个卷积层、批归一化层（Batch Normalization）和池化层（MaxPool2D），以及全连接层。模型使用 LeakyReLU 激活函数，并在某些层中使用了 Dropout 正则化。其输入图像的大小为 96 像素 × 96 像素 × 1 像素，输出一个大小为 30 的向量（因为任务是预测 30 个关键点）。模型的损失函数为均方误差（MSE），优化器使用 Adam。代码如下。

```
    from keras.layers import LeakyReLU
    from keras.layers import Conv2D,Dropout,Dense,Flatten
    from keras.layers import Activation, Convolution2D, MaxPooling2D,
BatchNormalization, Conv2D,MaxPool2D, ZeroPadding2D
    from keras.models import Sequential, Model

    model = Sequential()

    model.add(Convolution2D(32, (3,3), padding='same', use_bias=False,
input_shape=(96,96,1)))
    model.add(LeakyReLU(alpha = 0.1))
    model.add(BatchNormalization())

    model.add(Convolution2D(32, (3,3), padding='same', use_bias=False))
    model.add(LeakyReLU(alpha = 0.1))
    model.add(BatchNormalization())
    model.add(MaxPool2D(pool_size=(2, 2)))

    model.add(Convolution2D(64, (3,3), padding='same', use_bias=False))
    model.add(LeakyReLU(alpha = 0.1))
    model.add(BatchNormalization())
    model.add(MaxPool2D(pool_size=(2, 2)))

    model.add(Convolution2D(96, (3,3), padding='same', use_bias=False))
    model.add(LeakyReLU(alpha = 0.1))
    model.add(BatchNormalization())
    model.add(MaxPool2D(pool_size=(2, 2)))

    model.add(Convolution2D(128, (3,3),padding='same', use_bias=False))
    model.add(BatchNormalization())
    model.add(LeakyReLU(alpha = 0.1))
    model.add(BatchNormalization())

    model.add(Convolution2D(128, (3,3),padding='same', use_bias=False))
    model.add(LeakyReLU(alpha = 0.1))
    model.add(BatchNormalization())
    model.add(MaxPool2D(pool_size=(2, 2)))
```

```
model.add(Convolution2D(256, (3,3),padding='same',use_bias=False))
model.add(LeakyReLU(alpha = 0.1))
model.add(BatchNormalization())
model.add(MaxPool2D(pool_size=(2, 2)))

model.add(Convolution2D(512, (3,3), padding='same', use_bias=False))
model.add(LeakyReLU(alpha = 0.1))
model.add(BatchNormalization())


model.add(Flatten())
model.add(Dense(512,activation='relu'))
model.add(Dropout(0.5))
model.add(Dense(30))

model.compile(optimizer='adam',loss='mse')
model.summary()
```

输出结果如下。

```
Model: "sequential_4"
_________________________________________________________________
 Layer (type)                Output Shape              Param #
=================================================================
 conv2d_24 (Conv2D)          (None, 96, 96, 32)        288

 leaky_re_lu_24 (LeakyReLU)  (None, 96, 96, 32)        0

 batch_normalization_24 (Bat  (None, 96, 96, 32)       128
 chNormalization)

 conv2d_25 (Conv2D)          (None, 96, 96, 32)        9216

 leaky_re_lu_25 (LeakyReLU)  (None, 96, 96, 32)        0

 batch_normalization_25 (Bat  (None, 96, 96, 32)       128
 chNormalization)

 max_pooling2d_20 (MaxPoolin  (None, 48, 48, 32)       0
 g2D)

 conv2d_26 (Conv2D)          (None, 48, 48, 64)        18432

 leaky_re_lu_26 (LeakyReLU)  (None, 48, 48, 64)        0

 batch_normalization_26 (Bat  (None, 48, 48, 64)       256
 chNormalization)

 max_pooling2d_21 (MaxPoolin  (None, 24, 24, 64)       0
 g2D)
```

```
 conv2d_27 (Conv2D)          (None, 24, 24, 96)        55296

 leaky_re_lu_27 (LeakyReLU)  (None, 24, 24, 96)        0

 batch_normalization_27 (Bat  (None, 24, 24, 96)       384
 chNormalization)

 max_pooling2d_22 (MaxPoolin  (None, 12, 12, 96)       0
 g2D)

 conv2d_28 (Conv2D)          (None, 12, 12, 128)       110592

 batch_normalization_28 (Bat  (None, 12, 12, 128)      512
 chNormalization)

 leaky_re_lu_28 (LeakyReLU)  (None, 12, 12, 128)       0

 batch_normalization_29 (Bat  (None, 12, 12, 128)      512
 chNormalization)

 conv2d_29 (Conv2D)          (None, 12, 12, 128)       147456

 leaky_re_lu_29 (LeakyReLU)  (None, 12, 12, 128)       0

 batch_normalization_30 (Bat  (None, 12, 12, 128)      512
 chNormalization)

 max_pooling2d_23 (MaxPoolin  (None, 6, 6, 128)        0
 g2D)

 conv2d_30 (Conv2D)          (None, 6, 6, 256)         294912

 leaky_re_lu_30 (LeakyReLU)  (None, 6, 6, 256)         0

 batch_normalization_31 (Bat  (None, 6, 6, 256)        1024
 chNormalization)

 max_pooling2d_24 (MaxPoolin  (None, 3, 3, 256)        0
 g2D)

 conv2d_31 (Conv2D)          (None, 3, 3, 512)         1179648

 leaky_re_lu_31 (LeakyReLU)  (None, 3, 3, 512)         0

 batch_normalization_32 (Bat  (None, 3, 3, 512)        2048
 chNormalization)
```

```
 flatten_4 (Flatten)          (None, 4608)             0

 dense_8 (Dense)              (None, 512)              2359808

 dropout_4 (Dropout)          (None, 512)              0

 dense_9 (Dense)              (None, 30)               15390

=================================================================
Total params: 4,196,542
Trainable params: 4,193,790
Non-trainable params: 2,752
```

步骤 5　训练模型。

（1）设置 EarlyStopping。EarlyStopping 是一种用于防止模型过拟合的技术，其原理是在模型训练过程中，当模型在验证集上的性能提升停止时，就停止模型的训练。通过这种方式可以避免模型在训练集上过拟合，从而提高模型的泛化能力。代码如下。

```
my_callbacks = tf.keras.callbacks.EarlyStopping(patience=30,
monitor='val_loss', restore_best_weights=True)
```

（2）训练模型代码如下。

```
history = model.fit(x_train_clean_aug,
                    y_train_clean_aug,
                    epochs=500,
                    batch_size=16,
                    validation_data=(x_val_clean, y_val_clean),
                    callbacks=[my_callbacks])
```

如何防止过拟合

输出结果如下。

```
Epoch 1/500
428/428 [==============================] - 48s 80ms/step - loss:
2069.0068 - RMSE: 45.4863 - val_loss: 1220.9388 - val_RMSE: 34.9419
Epoch 2/500
428/428 [==============================] - 33s 77ms/step - loss:
1197.1832 - RMSE: 34.6003 - val_loss: 825.2018 - val_RMSE: 28.7263
Epoch 3/500
428/428 [==============================] - 33s 77ms/step - loss:
566.0991 - RMSE: 23.7928 - val_loss: 475.7007 - val_RMSE: 21.8106
Epoch 4/500
428/428 [==============================] - 33s 78ms/step - loss:
216.5974 - RMSE: 14.7172 - val_loss: 153.1129 - val_RMSE: 12.3739
Epoch 5/500
428/428 [==============================] - 33s 77ms/step - loss:
69.2152 - RMSE: 8.3196 - val_loss: 18.1412 - val_RMSE: 4.2592
Epoch 6/500
```

```
428/428 [==============================] - 33s 77ms/step - loss: 27.7703 - RMSE: 5.2698 - val_loss: 11.6664 - val_RMSE: 3.4156
Epoch 7/500
428/428 [==============================] - 33s 78ms/step - loss: 15.7777 - RMSE: 3.9721 - val_loss: 8.3309 - val_RMSE: 2.8863
Epoch 8/500
428/428 [==============================] - 33s 77ms/step - loss: 12.4050 - RMSE: 3.5221 - val_loss: 10.4475 - val_RMSE: 3.2323
=========================================================================
Epoch 80/500
428/428 [==============================] - 33s 77ms/step - loss: 2.2721 - RMSE: 1.5073 - val_loss: 57.5799 - val_RMSE: 7.5881
Epoch 81/500
428/428 [==============================] - 33s 77ms/step - loss: 2.1474 - RMSE: 1.4654 - val_loss: 58.4510 - val_RMSE: 7.6453
Epoch 82/500
428/428 [==============================] - 33s 77ms/step - loss: 2.1180 - RMSE: 1.4553 - val_loss: 121.1271 - val_RMSE: 11.0058
Epoch 83/500
428/428 [==============================] - 33s 77ms/step - loss: 2.1435 - RMSE: 1.4641 - val_loss: 150.7105 - val_RMSE: 12.2764
Epoch 84/500
428/428 [==============================] - 33s 77ms/step - loss: 2.1677 - RMSE: 1.4723 - val_loss: 90.8296 - val_RMSE: 9.5305
Epoch 85/500
428/428 [==============================] - 33s 77ms/step - loss: 2.0713 - RMSE: 1.4392 - val_loss: 42.2116 - val_RMSE: 6.4970
Epoch 86/500
428/428 [==============================] - 33s 78ms/step - loss: 2.1032 - RMSE: 1.4502 - val_loss: 262.3879 - val_RMSE: 16.1984
```

（3）显示训练损失图，代码如下，输出结果如图 4-6 所示。

```
plt.rcParams["font.sans-serif"]=["SimHei"]
plt.rcParams["axes.unicode_minus"]=False
fig, (ax1, ax2) = plt.subplots(1, 2, figsize=(12, 4))
ax1.set_title('RMSE')
ax1.plot(history.history['RMSE'], 'r', label='RMSE')
ax1.plot(history.history['val_RMSE'], 'g', label='val_RMSE')
ax1.set_xlabel("轮次")
ax1.set_ylabel("RMSE")
ax1.legend()
ax1.grid(axis='x')

ax2.set_title('Loss')
ax2.plot(history.history['loss'], 'r', label='loss')
ax2.plot(history.history['val_loss'], 'g', label='val_loss')
```

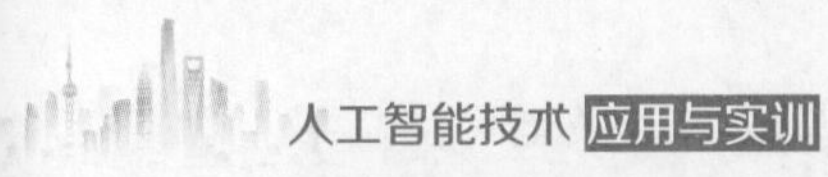


```
ax1.set_xlabel("轮次")
ax1.set_ylabel("损失")
ax2.legend()
ax2.grid(axis='x')

plt.show()
```

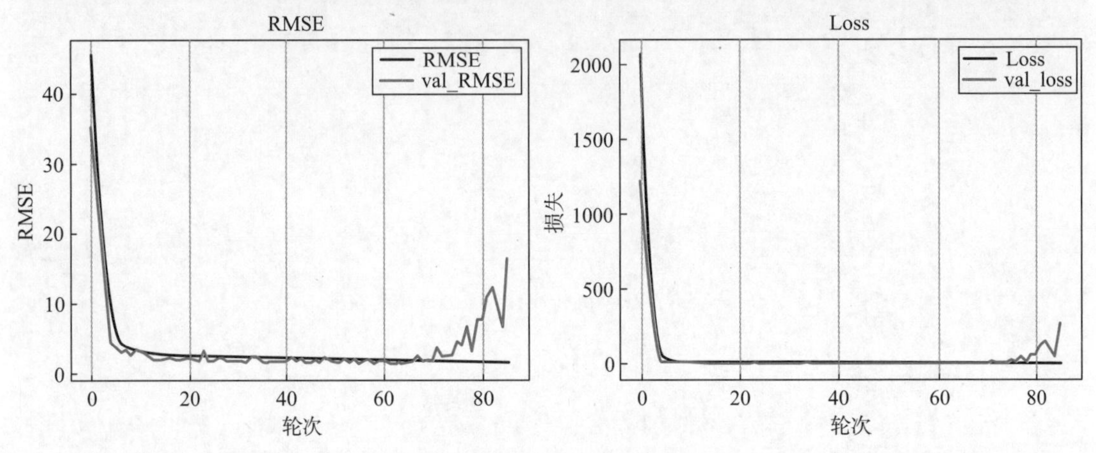

图 4-6 训练集和验证集的损失

步骤 6 测试模型。

（1）使用 predict 函数对训练后的模型进行推理测试，并显示预测的关键点坐标，代码如下。

```
y_preds = model.predict(X_test)
print(y_preds)
```

输出结果如下。

```
205/205 [==============================] - 1s 4ms/step
[[62.73827  34.55939  28.293137 ... 72.092804 55.629242 75.06534 ]
 [65.82956  38.624958 29.969421 ... 74.66234  46.53542  77.626305]
 [81.30467  53.966766 45.16644  ... 91.846466 62.180042 92.21665 ]
 ...
 [65.75882  38.040108 29.034916 ... 72.42054  46.34453  83.66857 ]
 [61.64509  34.373547 28.265442 ... 72.03953  54.573284 73.3277  ]
 [52.53606  23.946756 15.644253 ... 57.07311  32.77505  68.656   ]]
```

（2）显示原始关键点和预测关键点，红色为预测的关键点，蓝色为标注的关键点，代码如下，输出结果如图 4-7 所示。

```
fig = plt.figure(figsize=(20,16))
for i in range(20):
    axis = fig.add_subplot(4, 5, i+1, xticks=[], yticks=[])
    plot_sample(x_test[i], y_preds[i], 'r', axis, "")
    plot_sample(x_test[i], y_test[i], 'b',axis, "")
plt.show()
```

图 4-7 预测关键点

学 习 评 价

任务评价表

任务名称	任务详情	评价要素	分值	评价主体		
				学生自评	小组互评	教师点评
了解关键点检测步骤	熟知关键点检测中每一步的意义、关键点	熟知程度	10			
猫脸关键点标注（200 张）	使用 labelme 软件对图像中关键点进行标注	是否完成标注、标注是否准确	20			
基于深度学习关键点检测环境搭建	安装相关软件和库	是否安装成功	30			
训练网络模型并测试	使用标注好的图像和配置好的环境进行	是否训练结束，检测结果精度是否达标	40			

语音识别系统

项目导读

语音识别可以用于智能导航、智能家居、语音输入等场景，它是一种将人类语音转换为文本或命令的技术。语音识别利用计算机算法和机器学习技术分析声音波形，并将其转换为文本或其他形式的数据。这种技术可以让计算机理解人类的语言，能够识别并执行口头命令，从而帮助人们更加便利地使用计算机。本项目将介绍如何实现语音识别系统。

知识目标

了解语音识别的实现方法、识别步骤；掌握搭建语音识别的环境；理解语音识别的过程。

能力目标

掌握基于梅尔频率倒谱系数（Mel-frequency cepstral coefficients，MFCC）的语音识别过程。

素质目标

通过实践掌握人工智能技术，思考如何将人工智能技术应用到实际问题中，解决现实中的难题，提高实践能力和创新能力。

项目重难点

工 作 任 务	建议学时	重 难 点	重要程度
任务 5–1 完成语音识别系统的环境搭建	1	了解语音识别	★★☆☆☆
		了解语音识别常见技术	★★☆☆☆
		了解梅尔频率倒谱系数	★★☆☆☆
		了解语音识别过程	★★☆☆☆
		完成语音识别系统的环境搭建	★★☆☆☆
任务 5–2 完成语音识别系统	3	读取数据	★★☆☆☆
		预处理数据	★★★☆☆
		设置、训练和推理模型	★★★★☆
		实现语音识别系统	★★★★☆

任务 5–1 完成语音识别系统的环境搭建

任务要求

本任务要求读者完成语音识别系统相关软件和第三方库的安装，并实现语音识别系统的环境搭建。

知识准备

1. 语音识别概述

语音识别使用数学算法和语音处理技术来识别语音信号中的文本信息，其主要目的是识别人类说话的语音信号，并将其转换为文本。

语音识别系统通常由三个主要部分组成：语音采集、特征提取和语音识别。语音采集部分负责收集语音信号；特征提取部分负责提取语音信号的特征信息；语音识别部分负责对语音信号进行识别。

2. 语音识别常见技术

语音识别方法可以分为三类：基于模型的方法、基于统计的方法和以知识为基础的方法。

（1）基于模型的方法主要基于隐马尔可夫模型（hidden Markov model，HMM）、深度神经网络和混合模型。HMM 是一种基于概率统计的语音识别方法，它通过对语音特征的建模来识别语音。深度神经网络（Deep Neural Network，DNN）是一种前馈神经网络，具有较深的网络结构，能够对复杂的语音特征进行建模。混合模型是将多种语音识别方法结合起来使用的方法，以充分利用各种模型的优点，提高语音识别的准确率。

（2）基于统计的方法，如高斯混合模型隐马尔科夫模型（Gaussian mixture model HMM，GMM-HMM），它是一种基于统计的语音识别方法，通过对语音特征的建模和对语音信号的分析来识别语音。

（3）基于知识的方法，即以知识为基础的语音识别技术。在进行连续语音识别时，除识别声学信息外，更多地利用各种语言知识，如构词、句法、语义、对话背景等，以帮助进一步对语音做出识别和理解。同时在语音识别研究领域，还产生了基于统计概率的语言模型。

3. 梅尔频率倒谱系数

梅尔频率倒谱系数（MFCC）是一种语音信号的频谱表示方法，广泛用于语音识别、语音合成等领域。它将语音信号的频谱从频率域转换到倒谱域，可以更好地捕捉语音信号的频谱特征。

MFCC 的计算流程如下。

（1）预处理：对原始语音信号进行预加重，即高通滤波，去除低频信号的影响，增强高频信号的能量。

（2）分帧：将预处理后的语音信号分成若干帧，通常每帧持续时间为 20~30ms。为了避免频谱泄漏，通常采用加窗技术对每帧信号进行窗函数处理。

（3）傅里叶变换：对每帧信号进行短时傅里叶变换（short-time Fourier transform，STFT），将时域信号转换为频域信号。

（4）梅尔滤波器组：将 STFT 后的频域信号通过一组梅尔滤波器，计算出不同频率区间的能量值。梅尔滤波器的数量通常为 20~40 个，每个梅尔滤波器对应一个三角形滤波器。

（5）对数运算：对每个梅尔滤波器的输出值取对数，得到对数频谱系数（log-mel spectrum）。

（6）离散余弦变换：对每个帧的对数频谱系数进行离散余弦变换（discrete cosine transform，DCT），得到一组倒谱系数（cepstral coefficients）。一般情况下只保留前 12 个或 13 个倒谱系数，作为 MFCC 特征向量。

（7）归一化：对每个倒谱系数进行归一化处理，消除不同说话人、不同语音环境的影响，得到稳定的 MFCC 特征向量。

任务实施

步骤 1　了解所需软件和第三方库。

Windows 10 Professional 64 位操作系统，主要的软件和第三方库的具体信息如表 5-1 所示。接下来只介绍之前任务中没有安装过的库。

表 5-1 实验环境

项　　目	版　　本
操作系统	Windows 10 64 位专业版
开发语言	Python 3.8
TensorFlow	2.5.0
NumPy	1.19.5
Seaborn	0.11.2
Librosa	0.9.2
scikit-learn	0.24.2
Python_Speech_Features	0.6
Pickle	0.7.5
Pyaudio	0.2.13
Pyttsx3	2.90

步骤 2 创建虚拟环境。

为了便于软件和库管理，创建虚拟环境进行配置。使用如下命令创建虚拟环境，后面所安装的软件和库都在虚拟环境 c05 下进行。

```
conda create -n c05 python=3.8
```

步骤 3 安装 Seaborn。

Seaborn 是一个用于绘制数据可视化图表的 Python 库，它基于 Matplotlib 库并提供了更高层次的接口，可以帮助用户更轻松地创建漂亮的图表。安装命令如下。

```
pip install seaborn==0.11.2
```

步骤 4 安装 Librosa。

Librosa 提供了各种用于音频信号处理的工具，如时域和频域特征提取、频谱图、滤波器、混响等。安装命令如下。

```
pip install librosa==0.9.2
```

步骤 5 安装 Python_Speech_Feature。

Python_Speech_Features 是一个用于提取音频信号中语音特征的 Python 库。它提供了各种用于声学分析和语音处理的函数，如 MFCC 和滤波器组特征等。安装命令如下。

```
pip install python_speech_features==0.6
```

步骤 6　安装 Pickle。

Pickle 是一个 Python 模块，用于将 Python 对象序列化为二进制数据或将二进制数据反序列化为 Python 对象。Pickle 可以将 Python 对象保存到文件或传输到其他计算机，从而方便地在 Python 应用程序之间共享数据。安装命令如下。

```
pip install pickle==0.7.5
```

步骤 7　安装 Pyaudio。

Pyaudio 是一个 Python 库，提供了对音频输入和输出的接口。它可以用于录制音频、播放音频、获取音频流等。安装命令如下。

```
pip install pyaudio==0.2.13
```

步骤 8　安装 Pyttsx3。

Pyttsx3 是一个基于 Python 的文本到语音（text to speech，TTS）库，它可以将文本转换为语音，并将语音输出到计算机的音频输出设备。Pyttsx3 支持多种语音引擎，可以进行各种自定义配置，如语音速度、语音音调等。安装命令如下。

```
pip install pyttsx3==2.90
```

步骤 9　检查是否安装成功。

最后需要检查环境是否搭建成功，使用如下命令，如果显示的结果中已经包含了表 5-1 中的对应版本的库，说明环境已经搭建成功。

```
pip list
```

任务 5-2　实现语音识别系统

■ 任务要求

本任务要求读者完成语音识别数据的预处理，识别模型的设计、训练、测试和调优。

知识准备

本任务使用的语音识别数据库为 mlchallenge-oct-2019，该数据库包含了大约 105835 个语音指令样本，存储格式为 .wav。数据集包含了多个语音类别的指令，如 yes、no、up、down、left 和 right 等。每个语音指令样本通常是一个包含了语音信

号的音频文件，可能同时还包含了相应的标签信息，用于表示对应的语音指令类别。这个数据库可以从官网下载使用。

任务实施

步骤1 读取数据。

（1）因为使用的数据的部分信息存放在 .csv 文件中，所以需要先根据 .csv 文件读取 .wav 音频文件名和对应的标签，代码如下。

```
import numpy
def csv_extractor(file_name):
    csv_open = open(file_name,"r")                # 打开CSV文件并以只读方式读取
    feature_names = []                            # 特征名称列表
    labels = []                                   # 标签列表
    for index, wave in enumerate(csv_open):       # 遍历CSV文件的每一行数据
        wave = wave.strip("\n")                   # 去除行末的换行符
        wave = wave.split(",")                    # 以逗号分隔每一行的数据
        feature = wave[0]                         # 第1列数据作为特征
        label = wave[1]                           # 第2列数据作为标签
        if index == 0:                            # 跳过第1行数据，通常为列名
            continue
        else:
            feature_names.append(feature)         # 将特征添加到特征名称列表中
            labels.append(label)                  # 将标签添加到标签列表中
    feature_names = numpy.array(feature_names)    # 将特征名称列表转换为NumPy
                                                    数组
    labels = numpy.array(labels)                  # 将标签列表转换为NumPy数组
    return feature_names, labels                  # 返回特征名称和标签数组
# 调用csv_extractor函数读取train.csv文件并获取特征名称和标签
csv_train = csv_extractor("train.csv")
# 将特征名称和标签数组分别赋值给feature_names和labels变量
feature_names, labels = csv_train
```

（2）获取所有标签，代码如下。

```
numpy.unique(labels)
```

输出结果如下。

```
array(['backward', 'bed', 'bird', 'cat', 'dog', 'down', 'eight', 'five',
       'follow', 'forward', 'four', 'go', 'happy', 'house', 'learn',
       'left', 'marvin', 'nine', 'no', 'off', 'on', 'one', 'right',
       'seven', 'sheila', 'six', 'stop', 'three', 'tree', 'two', 'up',
       'visual', 'wow', 'yes', 'zero'], dtype='<U8')
```

（3）查看数据集大小，代码如下。

```
labels.shape
(94824,)
```

（4）使用 Seaborn 库中的 countplot 函数显示每个类别的数量。sns.countplot 绘制一个垂直的条形图，其中 x 轴是分类变量，y 轴是该分类变量的频数或计数。这种图形通常用于探索和比较分类变量的频数分布情况，如探索某个离散型特征的不同取值之间的分布差异，或者比较两个或多个离散型特征之间的分布情况，代码如下，输出结果如图 5-1 所示。

```
import seaborn as sns
import matplotlib.pyplot as plt
plt.rcParams["font.sans-serif"]=["SimHei"]
plt.rcParams["axes.unicode_minus"]=False
plt.figure(figsize=(10,6))
sns.countplot(labels)
plt.xticks(rotation = 60)
plt.xlabel("标签")
plt.ylabel("频率")
plt.show()
```

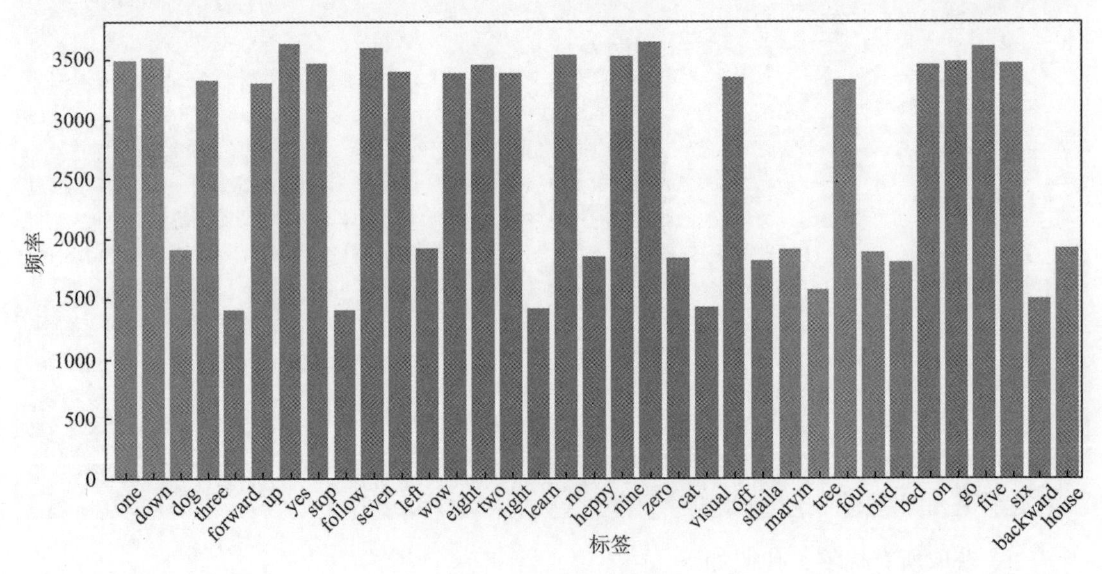

图 5-1　数据信息

（5）使用 WAVE 库读取音频文件并显示基本信息。WAVE.getparams() 是 Python 标准库 WAVE 模块中的一个方法，用于获取 .wav 文件的参数信息。该方法返回一个包含以下信息的元组：采样频率（单位为赫兹）、量化位数（单位为字节）、声道数（单声道或立体声）。如果是压缩的 .wav 文件，则还包括以下信息：压缩格式（如 PCM、ADPCM ）、压缩类型（如 G711）、压缩比特率。从返回结果可以看出，one.wav 音频的声道数为 1、样本宽度为 2、采样频率为 16000、总样本数为 16000、该音频没有被压缩，代码如下。

```
import os
```

```
cwd = os.getcwd()                                    # 获取当前工作目录
my_path = "./mlchallenge-oct-2019/wav/wav/"          # 设置文件路径
import wave as wa
filename = 'one.wav'                                 # 指定要处理的音频文件名
WAVE = wa.open(filename)                             # 打开音频文件
for item in enumerate(WAVE.getparams()):             # 遍历音频文件的参数
    print(item)                                      # 打印参数信息
```

输出结果如下。

```
(0, 1)
(1, 2)
(2, 16000)
(3, 16000)
(4, 'NONE')
(5, 'not compressed')
```

（6）读取音频文件并给出频谱图（图 5-2），代码如下。

```
import librosa.display
plt.figure(figsize=(10,4))
plt.subplot(1,2,1)
librosa.display.waveshow(data0, sr=sampling_rate0)
plt.xlabel("时间")
plt.ylabel("振幅")
plt.title('one.wav')
plt.subplot(1,2,2)
librosa.display.waveshow(data1, sr=sampling_rate1)
plt.ylabel("振幅")
plt.xlabel("时间")
plt.title('two.wav')
```

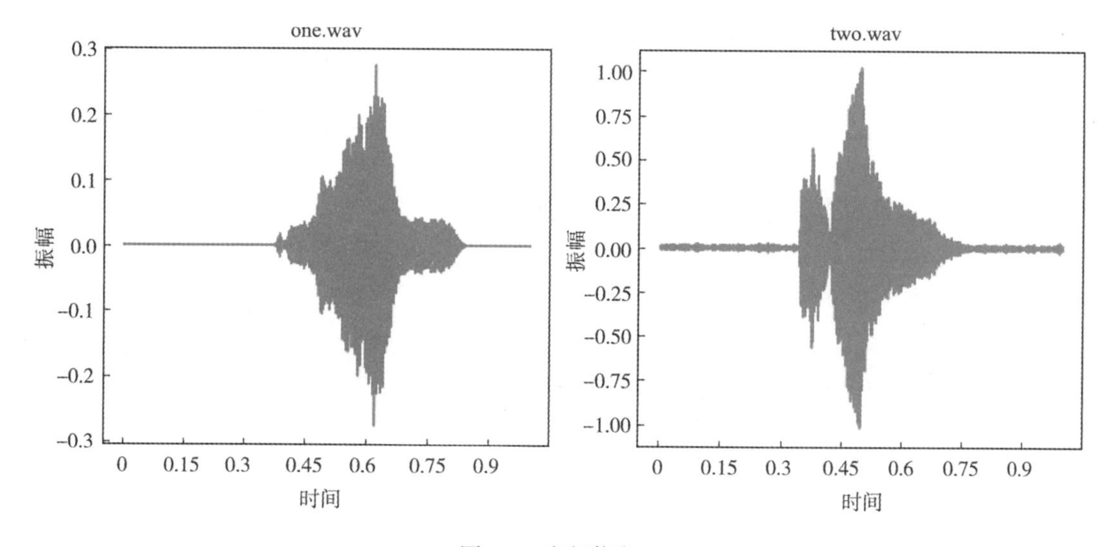

图 5-2　音频信息

（7）进行数据集划分，数据集的预处理需要消耗大量的时间，可以根据时间来给定数据集的大小，代码如下。

```
    from sklearn.model_selection import train_test_split
    X_p1, X_p2, y_p1, y_p2 = train_test_split(feature_names, labels, test_
size = 0.999)

    feature_names = X_p1
    labels  = y_p1
    from sklearn.model_selection import train_test_split
    X_p1, X_p2, y_p1, y_p2 = train_test_split(X_p2, y_p2, test_size = 0.9999)

    feature_names_test = X_p1
    labels_test = y_p1
```

步骤 2　预处理数据。

（1）使用 Python_Speech_Features 库中 MFCC 函数对训练集和测试集进行音频数据特征提取。MFCC 函数的主要作用是将音频信号转换为 MFCC 特征表示，该函数有如下可选参数。

MFCC 特征提取函数

- signal 表示音频信号，可以是一个一维的 NumPy 数组或 Python 列表。
- samplerate 表示采样率，即音频信号每秒采样的样本数。
- winlen 和 winstep 分别表示窗口长度和步长，通常情况下设置为 25ms 和 10ms。
- numcep 表示要提取的 MFCC 系数的数量，默认为 13。
- nfilt 表示 Mel 滤波器的数量，默认为 26。
- nfft 表示快速傅里叶变换（fast Fourier transformp，FFT）的点数，默认为 512。
- lowfreq 和 highfreq 分别表示 Mel 滤波器组的最低频率和最高频率，默认为 0 和 None。
- preemph 表示预加重系数，默认为 0.97。
- ceplifter 表示升降系数，默认为 22。
- appendEnergy 表示是否将每帧信号的能量作为一个额外的特征添加到 MFCC 系数中，默认为 True。

代码如下。

```
    from python_speech_features import mfcc
    import scipy.io.wavfile as wav

    def mfcc_features(my_path, feature_names, labels):
        features = []    # 存储 MFCC 特征
        all_labels = [] # 存储对应的标签
        for (wave_name, label) in zip(feature_names, labels):
            for wave in os.listdir(my_path): # 遍历目标路径下的文件
                # 若当前文件名与目标文件名相等
                # 提取 MFCC 特征并添加到 features 中
                # 将标签添加到 all_labels 中
```

```
            if wave == wave_name:
                (rate, sig) = wav.read(my_path + wave)
                mfcc_feat = mfcc(sig, rate)
                m,n = mfcc_feat.shape
                if m == 99 and n == 13:
                    features.append(mfcc_feat)
                    all labels.append(label)

    features = numpy.array(features)        # 转换为 NumPy 数组
    all_labels = numpy.array(all_labels)    # 转换为 NumPy 数组
    return features, all_labels

# 调用 mfcc_features 函数并传入相应的参数，获取 MFCC 特征和标签
mfcc_feat = MFCC_features(my_path, feature_names, labels)
mfcc_feat_test = MFCC_features(my_path, feature_names_test, labels_test)
```

（2）因为提取音频数据特征时间较长，所以通过 Pickle 对提取后的特征进行保存，便于使用。Pickle 是 Python 中一个常用的序列化（serialization）和反序列化（deserialization）模块，它可以将 Python 对象序列化为二进制数据，也可以将二进制数据反序列化为 Python 对象。序列化是将对象转换为可传输或可存储的格式，反序列化则是将序列化后的数据还原为原始的 Python 对象，代码如下。

```
import pickle
pickle_out = open("X.pickle", "wb")
pickle.dump(mfcc_feat, pickle_out)
pickle_out.close()
pickle_out = open("y.pickle", "wb")
pickle.dump(mfcc_feat_test, pickle_out)
pickle_out.close()

pickle_in = open("X.pickle", "rb")
mfcc_feat = pickle.load(pickle_in)

pickle_in = open("y.pickle", "rb")
mfcc_feat_test = pickle.load(pickle_in)
```

（3）导出特征数据和标签，代码如下。

```
MFCC_features, MFCC_labels = mfcc_feat
MFCC_features_test, MFCC_labels_test = mfcc_feat_test
```

（4）预处理数据，代码如下。

```
def zero_pad(features):

    new_spoken_train = []
    max_shape = 0
    for X in features:
        all_shapes = X.shape[0]
        if all_shapes > max_shape:
```

```
            max_shape = all_shapes

        for X in features:
            difference = max_shape-X.shape[0]
            zero_padded = numpy.pad(X,((0,difference),(0,0)), "constant")
            new_spoken_train.append(zero_padded)

        new_spoken_train = numpy.array(new_spoken_train)

    return new_spoken_train
    new_spoken_train = zero_pad(MFCC_features)
    new_spoken_test = zero_pad(MFCC_features_test)
```

（5）转置数据为程序处理的合适维度，代码如下。

```
    new_spoken_train = numpy.reshape(new_spoken_train,(new_spoken_train.
shape[0],1287))
    new_spoken_test = numpy.reshape(new_spoken_test,(new_spoken_test.
shape[0],1287))
```

（6）数据标准化处理，代码如下。

```
    from sklearn.preprocessing import StandardScaler
    scaler = StandardScaler()
    scaler.fit(new_spoken_train)
    new_spoken_train = scaler.fit_transform(new_spoken_train)
    new_spoken_test = scaler.transform(new_spoken_test)
    new_mfcc_features,  mfcc_labels = new_spoken_train, MFCC_labels
    new_mfcc_features = numpy.reshape(new_mfcc_features,(new_mfcc_features.
shape[0],99,13))
    new_spoken_test = numpy.reshape(new_spoken_test,(new_spoken_test.
shape[0],1287))
    new_spoken_train = numpy.reshape(new_mfcc_features,(new_mfcc_features.
shape[0],1287))
```

（7）数据编码。LabelEncoder 和 OneHotEncoder 是 Scikit-Learn 中的两个预处理工具，主要用于处理分类变量，将其转换为数值型变量，以便于机器学习算法的使用。它们的主要区别在于转换的方式和适用的情况的不同。LabelEncoder 通过将每个分类变量映射为一个整数值来进行转换，适用于分类变量的取值比较有序的情况，如有大小顺序的等级、评分等。

LabelEncoder 只会给不同的分类变量赋予不同的整数值，并没有实际的意义，仅仅是为了方便机器学习算法的使用。OneHotEncoder 通过创建虚拟变量（dummy variables）来进行转换，适用于分类变量的取值比较无序的情况，如性别、国家等。OneHotEncoder 会将每个分类变量转换为一个独热编码向量（one-hot encoded vector），向量中只有一个元素为 1，其余元素都为 0，这个元素的位置代表该分类变量的取值，代码如下。

```
    from sklearn.preprocessing import LabelEncoder
```

```
from sklearn.preprocessing import OneHotEncoder
from numpy import array

values = array(mfcc_labels) # 将 mfcc_labels 转换为 NumPy 数组

label_encoder = LabelEncoder() # 创建 LabelEncoder 对象，用于将标签编码为整数
integer_encoded = label_encoder.fit_transform(values) # 将标签值转换为整数编码

# 创建 OneHotEncoder 对象，用于将整数编码的标签转换为独热编码
onehot_encoder = OneHotEncoder(sparse=False)
# 将整数编码的标签重塑为二维数组
integer_encoded = integer_encoded.reshape(len(integer_encoded), 1)
# 将整数编码的标签转换为独热编码
onehot_encoded = onehot_encoder.fit_transform(integer_encoded)

# 将独热编码后的标签保存到 one_hot_encoded_labels 变量中
one_hot_encoded_labels = onehot_encoded
```

（8）将数据集划分为训练集和验证集，代码如下。

```
X_train, X_test, y_train, y_test = train_test_split(new_spoken_train, one_hot_encoded_labels, test_size=0.33)
X_train = numpy.reshape(X_train,(X_train.shape[0],99,13))
X_test = numpy.reshape(X_test,(X_test.shape[0],99,13))
```

步骤 3 设置、训练和推理模型。

（1）搭建深度神经网络。

输入层：输入的数据维度为 99×13，即梅尔频率倒谱系数的维度为 99、MFCC 系数的数量为 13。

Conv1D 层：使用了 4 个卷积层，每个卷积层的卷积核大小为 2，卷积核数量分别为 128、256、356、456，激活函数为 ReLU()。这些卷积层可以提取不同的时间和特征的信息，从而对序列数据进行分类。

MaxPooling1D 层：每个卷积层后都跟随一个最大池化层，池化大小为 2。这些池化层可以减少序列数据的长度，从而提高网络的计算效率。

Dropout 层：在每个卷积层和全连接层之间都加了一个 Dropout 层，Dropout 比例为 0.3，这可以防止过拟合。

Flatten 层：将卷积层的输出展平为一维数组，以便于全连接层进行计算。

Dense 层：使用了两个全连接层，其中第 1 个全连接层的神经元数量为 1048，第 2 个全连接层的神经元数量为分类的数量。第 2 个全连接层使用了 softmax 激活函数，将输出转换为对应的分类概率。

代码如下。

```
from tensorflow import keras
from tensorflow.keras.models import Sequential
from tensorflow.keras.layers import Dense, Embedding
```

```
from tensorflow.keras.layers import Input, Flatten, Dropout, Activation
from tensorflow.keras.layers import Conv1D, MaxPooling1D
from tensorflow.keras.models import Model
from tensorflow.keras.optimizers import Adam

model = Sequential()
model.add(Conv1D(128, 2, activation = "relu", input_shape=(99,13)))
model.add(MaxPooling1D(pool_size=(2)))
model.add(Conv1D(256, 2, activation = "relu"))
model.add(MaxPooling1D(pool_size=(2)))
model.add(Dropout(0.3))
model.add(Conv1D(356, 2, activation = "relu"))
model.add(MaxPooling1D(pool_size=(2)))
model.add(Conv1D(456, 2, activation = "relu"))
model.add(MaxPooling1D(pool_size=(2)))
model.add(Dropout(0.3))
model.add(Flatten())
model.add(Dense(1048))
model.add(Dense(y_train.shape[1], activation='softmax'))
```

（2）模型编译，使用交叉信息熵作为损失函数，使用 Adam 优化器来实现模型的迭代求解方法，代码如下。

```
model.compile(loss= "categorical_crossentropy", optimizer=
Adam(lr=0.0001), metrics=['accuracy'])
```

（3）模型训练，其中批处理大小为 64，训练的轮数 epochs 为 100，代码如下。

```
cnnhistory= model.fit(X_train, y_train,batch_size= 64, epochs= 100 ,
validation_data=(X_test, y_test))
```

输出结果如下。

```
Epoch 1/100\n795/795 [==============================] - 36s 45ms/step -
loss: 1.9843 - accuracy: 0.4529 - val_loss: 1.1857 - val_accuracy: 0.6701\n
Epoch 2/100\n795/795 [==============================] - 40s 50ms/step -
loss: 1.0219 - accuracy: 0.7120 - val_loss: 0.7572 - val_accuracy: 0.7841\n
Epoch 3/100\n795/795 [==============================] - 39s 49ms/step -
loss: 0.7677 - accuracy: 0.7781 - val_loss: 0.6346 - val_accuracy: 0.8162\n
Epoch 4/100\n795/795 [==============================] - 39s 49ms/step -
loss: 0.6503 - accuracy: 0.8097 - val_loss: 0.5676 - val_accuracy: 0.8383
============================================================================
Epoch 98/100
795/795 [==============================] - 39s 49ms/step - loss: 0.0479 -
accuracy: 0.9849 - val_loss: 0.5002 - val_accuracy: 0.9107
Epoch 99/100
795/795 [==============================] - 39s 49ms/step - loss: 0.0476 -
accuracy: 0.9850 - val_loss: 0.5280 - val_accuracy: 0.9093
```

```
    Epoch 100/100
    795/795 [==============================] - 39s 49ms/step - loss: 0.0526 -
accuracy: 0.9839 - val_loss: 0.5032 - val_accuracy: 0.9102
```

（4）保存训练模型，代码如下。

```
model.save(r'model.h5')
```

（5）装载模型，代码如下。

```
import tensorflow  as tf
model = tf.keras.models.load_model(r'model.h5')
```

（6）对测试集进行推理，代码如下。

```
result = model.evaluate(X_test, y_test)
print("准确率是：", result[1])
```

（7）输出结果如下。

```
准确率是：0.9136
```

（8）显示训练集准确率，代码如下，输出结果如图 5-3 所示。

```
plt.rcParams["font.sans-serif"]=["SimHei"]
plt.rcParams["axes.unicode_minus"]=False
plt.plot(cnnhistory.history['loss'])
plt.plot(cnnhistory.history['val_loss'])
plt.title('模型损失')
plt.ylabel('损失')
plt.xlabel('轮次')
plt.legend(['训练集', '测试集'], loc='upper right')
plt.show()
```

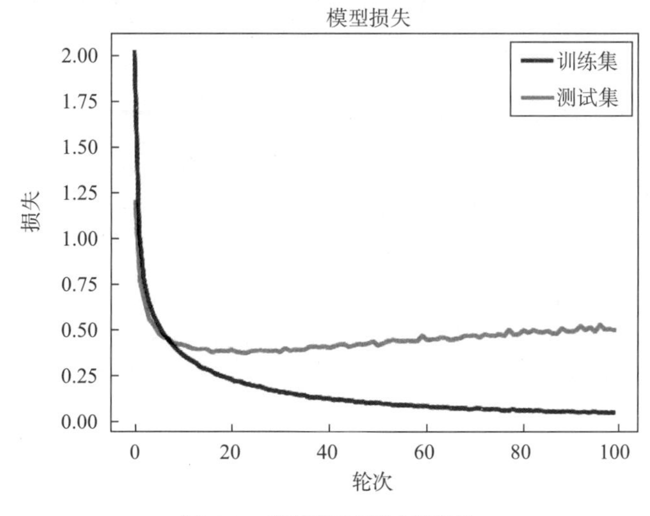

图 5-3　训练集和测试集损失

（9）显示验证集准确率，代码如下，输出结果如图 5-4 所示。

```
plt.plot(cnnhistory.history['accuracy'])
plt.plot(cnnhistory.history['val_accuracy'])
plt.title('模型准确率')
plt.ylabel('准确率')
plt.xlabel('轮次')
plt.legend(['训练集', '测试集'], loc='upper left')
plt.show()
```

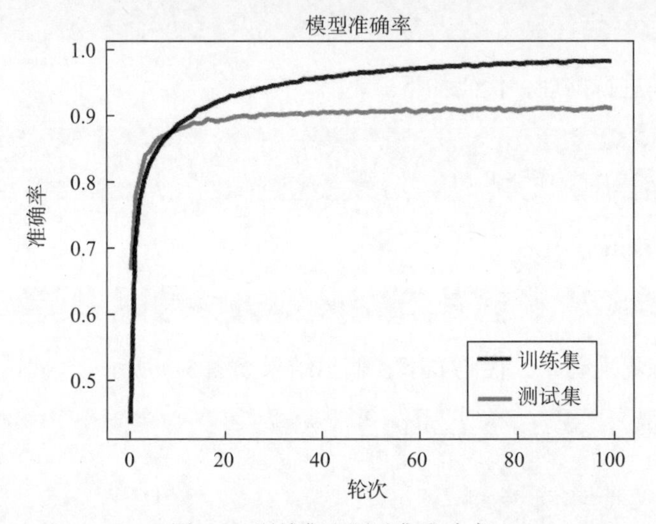

图 5-4　训练集和测试集准确率

步骤 4　实现语音识别。

（1）先通过传声器进行音频数据采集，代码如下。

```
import pyaudio
import pyttsx3
import wave
import numpy as np
engine = pyttsx3.init()

CHUNK = 1024
FORMAT = pyaudio.paInt16
CHANNELS = 1
RATE = 16000
RECORD_SECONDS = 1.025
WAVE_OUTPUT_FILENAME = "test.wav"
p = pyaudio.PyAudio()
stream = p.open(format=FORMAT,channels=CHANNELS,rate=RATE,input=True,
frames_per_buffer=CHUNK)
engine.say('开始录音')
engine.runAndWait()
frames = []
```

```
print(RATE / CHUNK * RECORD_SECONDS)
for i in range(0, int(RATE / CHUNK * RECORD_SECONDS)):
    data = stream.read(CHUNK)
    frames.append(data)

engine.say(' 录音结束 ')
engine.runAndWait()
stream.stop_stream()
stream.close()
p.terminate()
wf = wave.open(WAVE_OUTPUT_FILENAME, 'wb')
wf.setnchannels(CHANNELS)
wf.setsampwidth(p.get_sample_size(FORMAT))
wf.setframerate(RATE)
test =  np.array(frames)
wf.writeframes(b''.join(frames))
wf.close()
```

（2）显示音频数据频谱图，代码如下，输出结果如图 5-5 所示。

```
import librosa
data, sampling_rate = librosa.load('test.wav')
print(sampling_rate)
import librosa.display
import matplotlib.pyplot as plt
plt.figure(figsize=(10, 5))
librosa.display.waveshow(data, sr=sampling_rate)
```

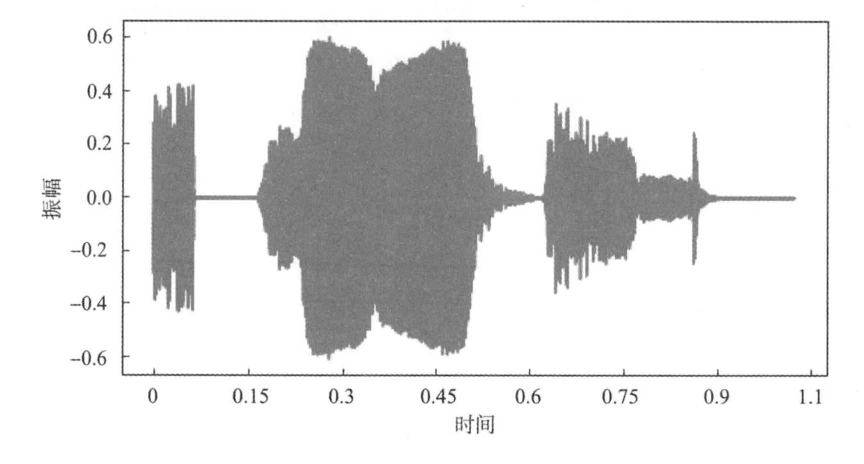

图 5-5　音频频谱图

（3）音频数据裁剪，代码如下。

```
import scipy.io.wavfile as wav
from python_speech_features import mfcc
import numpy
(rate,sig) = wav.read('test.wav')
```

```
print(sig.shape)
sig = sig[0:16000]
mfcc_feat = mfcc(sig,rate)
feature = numpy.array(mfcc_feat)
```

（4）对音频数据进行特征提取，代码如下。

```
test_feature = zero_pad(numpy.reshape(feature,(1, 99, 13)))
test_feature = numpy.reshape(feature,(1, 1287))
```

（5）进行数据编码，代码如下。

```
scaler.fit(test_feature)
test_feature_new = scaler.fit_transform(test_feature)
test_feature_new = test_feature
test_feature_new = zero_pad(numpy.reshape(test_feature_new,(1, 99, 13)))
```

（6）进行模型推理预测，代码如下。

```
from numpy import argmax
predicted_word = label_encoder.inverse_transform([argmax(model.
predict(test_feature_new))])
print(predicted_word)
```

（7）先打开 QQ 应用程序并登录，然后使用语音识别关闭 QQ，执行以下代码后发现 QQ 已经被关闭。

```
if predicted_word == 'off':
    import os
    os.system("taskkill /F /IM QQ.exe")
```

◆ 学 习 评 价 ◆

任务评价表

任务名称	任务详情	评价要素	分值	评价主体		
				学生自评	小组互评	教师点评
了解语音识别步骤	熟知语音识别中每一步的意义、关键点	熟知程度	10			
了解 MFCC 原理	熟知 MFCC 计算步骤中每一步的意义、关键点	熟知程度	30			
搭建语音识别环境	安装好相关的库、包	是否安装	20			
完成语音识别系统	语音预处理数据、设置模型、训练模型并进行语音识别	准确率	40			

声纹识别系统

项目导读

声纹识别是一种生物特征识别技术，通过分析人的语音信号，识别出个人的身份信息。声纹识别技术的原理是基于人的声音信号中包含了与个人身份相关的特征，如说话人的音调、音色、语速、语调等，这些特征具有唯一性和稳定性，可以用于身份验证和识别。本项目将会介绍声纹识别相关技术、原理和如何实现声纹识别系统。

知识目标

了解声纹识别的工作原理、识别步骤；掌握搭建声纹识别的环境；理解声纹识别的过程。

能力目标

掌握基于快速傅里叶变换进行特征提取的声纹识别过程。

素质目标

拓展视野，了解人工智能技术在各行各业中的应用（如金融、医疗和交通等）及发展方向，为自己的职业规划提供参考。

项目重难点

工 作 任 务	建议学时	重 难 点	重要程度
任务 6–1　完成声纹识别系统的环境搭建	1	了解声纹识别	★☆☆☆☆
		了解声纹识别的常见技术	★★☆☆☆
		了解声纹识别的过程	★★☆☆☆
		完成声纹识别系统的环境搭建	★★☆☆☆
任务 6–2　完成声纹识别系统	3	读取数据	★★☆☆☆
		预处理数据	★★☆☆☆
		设置、训练和测试模型	★★★☆☆
		实现声纹识别系统	★★★☆☆

任务 6–1　完成声纹识别系统的环境搭建

任务要求

本任务要求读者完成声纹识别系统相关软件和第三方库的安装，实现声纹识别系统的环境搭建。

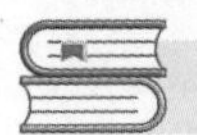

知识准备

1. 声纹识别

声纹识别是一种生物识别技术，通过分析人类说话时声带产生的频谱特征，以识别说话者的身份。与传统生物识别技术（如指纹、虹膜、面部等）不同，声纹识别不受外界环境的影响，容易实现远程识别，因此被广泛应用于安全领域，如智能家居、银行、军事等。在声纹识别过程中，算法通常采用比较严格的特征验证方法，以保证识别精度。此外，还可以通过深度学习等技术来提高识别精度。声纹识别是一种安全性高、易于实现的生物识别技术，在安全领域有着广泛的应用前景。

2. 声纹识别常见技术

声纹识别中常用的机器学习算法如下。

（1）K 近邻算法：通过找到与语音特征最相似的训练数据，来识别语音身份。

（2）支持向量机：通过在特征空间内找到分界线，来识别语音身份。

（3）神经网络：通过使用多层神经网络，来识别语音身份。

（4）深度学习算法：例如 CNN 和 RNN，通过识别语音特征的高维结构，来识别语音身份。

3. 声纹识别过程

声纹识别的步骤如下。

（1）音频采集：获取声音信号，并将其存储为电子文件。

（2）音频预处理：对声音信号进行预处理，包括去噪、平衡音量等。

（3）特征提取：通过特征提取算法，提取声音信号的特征，如MFCC、LPC（linear predictive coding，线性预测编码）、LPCC（linear prediction cepstrum coefficient，线性预测倒谱系数）等。

（4）特征归一化：将特征进行归一化处理，使其具有一定的稳定性。

（5）模型训练：通过训练算法，对声音模型进行训练，使其能够识别个体声音。

（6）特征比对：将声音模型与数据库中存储的声音特征进行比对，以确定声音是否与数据库中的声音匹配。

（7）识别结果输出：将识别结果输出，表明声音是否与数据库中的声音匹配。

以上是声纹识别的基本步骤，通过这些步骤，可以识别个体的声音，从而实现生物识别。

任务实施

步骤1 了解所需软件和库。

该任务中使用的操作系统为Windows 10 64位专业版，使用到的其他重要的库和软件如表6-1所示。所需要的库的安装方法在之前任务中都已介绍过，在这里将不重复介绍。

表6-1 实验环境

项　　目	版　　本
操作系统	Windows 10 64位专业版
开发语言	Python 3.6.13
TensorFlow-GPU	2.6.0
Keras	2.6.0
NumPy	1.19.5
Seaborn	0.11.2
scikit-learn	0.24.2
Pandas	1.1.5

步骤2 创建虚拟环境。

为了便于软件库管理，创建虚拟环境进行配置。使用如下命令创建虚拟环境，后面所安装的软件和库都在虚拟环境c06下进行。最后参考前面任务安装所需要的软件和库。

```
conda create -n c05 python=3.6
```

步骤 3　检查是否安装成功。

最后需要检查环境是否搭建成功，使用如下命令，如果显示的结果中已经包含了表 6-1 中的对应版本的库，说明环境已经搭建成功。

```
pip list
```

任务 6-2　实现声纹识别系统

■ 任务要求

本任务要求读者完成声纹识别为数据的预处理，识别模型的设计、训练、测试和调优。

知识准备

使用的数据集为 16000_pcm_speeches，该数据集包含五个人的演讲：Benjamin_Netanyahu, Jens_Stoltenberg, Julia_Gillard, Magaret_Tarcher 和 Nelson_Mandela。文件夹中的每个音频的采样频率都为 16000Hz，采用 PCM 编码。每个演讲者的演讲都是一段很长的音频，为了更容易操作，将它们划分为若个时长 1s 的语音，文件名从 0.wav 开始定义。如果将从 0.wav 到 1500.wav 的分块音频按顺序连在一起，则可以得到演讲者的完整语音。background_noise 的文件夹包含的音频不是演讲，但可以在演讲者所在环境及周围找到，如听众大笑或鼓掌，它可以在训练时与演讲混合，则可以增强模型的泛化能力。

任务实施

步骤 1　读取数据。

（1）先下载数据集，并放在和程序同一级目录下。接着获取数据的目录信息，代码如下。

```
import os
from pathlib import Path
from os.path import join
data_directory = "./16000_pcm_speeches"
audio_folder = "audio"
noise_folder = "noise"

audio_path = os.path.join(data_directory, audio_folder)
noise_path = os.path.join(data_directory, noise_folder)
```

（2）接着显示语音信号的波形图、频谱图等。show_wav 函数显示音频的波形图，显示音频信号随时间变化的幅度。show_spectrogram 函数显示音频的频谱图，显示信号随时间变化的频率内容。show_zcr 函数显示音频的过零率，即每秒信号穿过零轴的次数，代码如下。输出波形图如图 6-1 所示，输出音频频谱图如图 6-2 所示，输出音频过零率如图 6-3 所示。

```
from IPython.display import display, Audio
def show_wav(name):
    filename = os.listdir(audio_path+f"/{name}")[10]
    path = audio_path+f"/{name}/"+filename
    x , sr = librosa.load(path)
    plt.figure(figsize=(6, 3))
    librosa.display.waveshow(x, sr=sr)
    plt.ylabel("振幅")
    plt.xlabel("时间")
    plt.show()

def show_spectrogram(name):
    filename = os.listdir(audio_path+f"/{name}")[10]
    path = audio_path+f"/{name}/"+filename

    x , sr = librosa.load(path)
    X = librosa.stft(x)
    Xdb = librosa.amplitude_to_db(abs(X))
    plt.figure(figsize=(6,3))
     librosa.display.specshow(Xdb, sr=sr, x_axis='time', y_axis='hz',c-
map='plasma')
    plt.colorbar()
    plt.ylabel("频率")
    plt.xlabel("时间")
    plt.show()

def show_zcr(name):
    filename = os.listdir(audio_path+f"/{name}")[0]
    path = audio_path+f"/{name}/"+filename

    x , sr = librosa.load(path)
    zero_crossings = librosa.zero_crossings(x)
    print("过零总数为：", zero_crossings.sum())  # 输出过零率的总和
    plt.figure(figsize=(6, 3))
    plt.ylabel("过零率")
    plt.xlabel("时间")
    zcrs = librosa.feature.zero_crossing_rate(x)
    plt.plot(zcrs[0])
    plt.show()

import matplotlib.pyplot as plt
```

```
plt.rcParams["font.sans-serif"]=["SimHei"]
plt.rcParams["axes.unicode_minus"]=False
import librosa.display
show_wav("Benjamin_Netanyau")
show_spectrogram("Benjamin_Netanyau")
show_zcr("Benjamin_Netanyau")
```

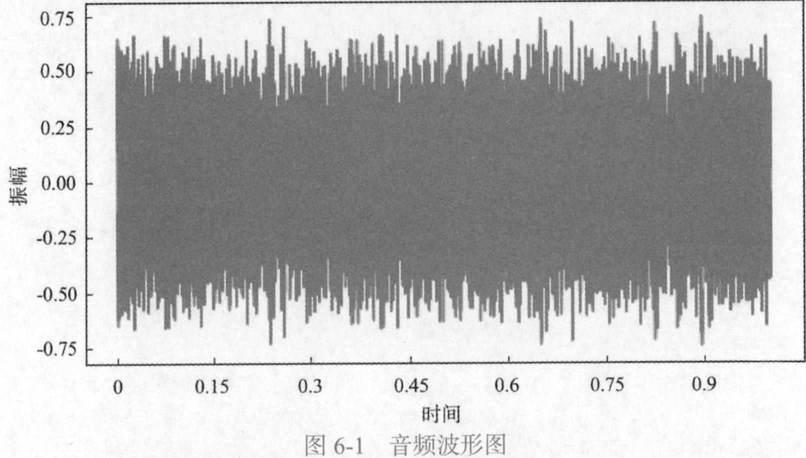

图 6-1　音频波形图

波形图频谱图和过零率图

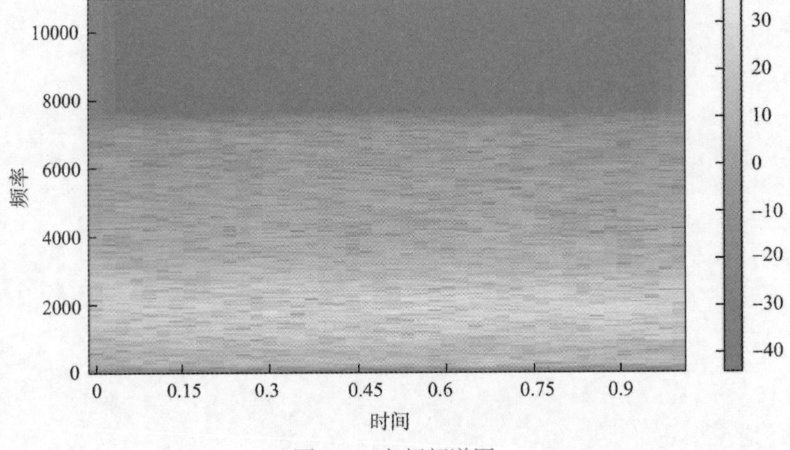

图 6-2　音频频谱图

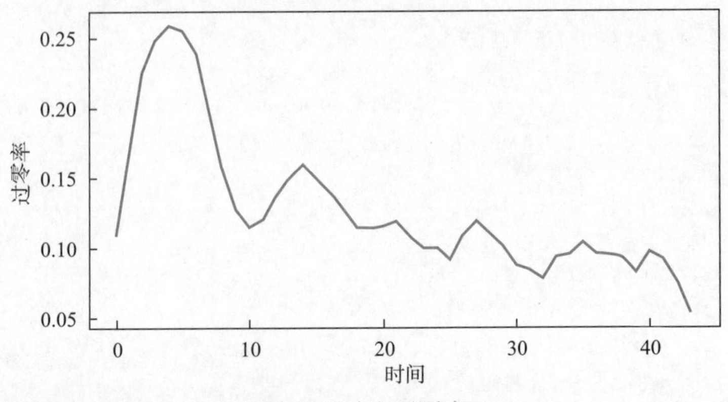

图 6-3　音频过零率

（3）将数据目录中的子目录中的音频信息移动到 noise 或 audio 文件夹，代码如下。

```
import shutil
for folder in os.listdir(data_directory):
    if os.path.isdir(os.path.join(data_directory, folder)):
        if folder in [audio_folder, noise_folder]:
            continue
        elif folder in ["other", "_background_noise_"]:

            shutil.move(
                os.path.join(data_directory, folder),
                os.path.join(noise_path, folder),
            )
        else:
            shutil.move(
                os.path.join(data_directory, folder),
                os.path.join(audio_path, folder),
            )
```

（4）获取每个噪声文件的列表，代码如下。

```
noise_paths = []
for subdir in os.listdir(noise_path):
    subdir_path = Path(noise_path) / subdir
    if os.path.isdir(subdir_path):
        noise_paths += [
            os.path.join(subdir_path, filepath)
            for filepath in os.listdir(subdir_path)
            if filepath.endswith(".wav")
        ]
```

（5）使用 Librosa 库中的 resample 函数将 noise 文件夹中所有音频文件的采样率转换为 16000Hz，并以相同的文件名保存，然后将原始文件替换为重新编码的文件，代码如下。

```
import os
import librosa
import soundfile

def change_sample_rate(path, new_sample_rate):
    wavfile = path.split('/')[-1]
    signal, sr = librosa.load(path, sr=None)
    try:
        new_signal = librosa.resample(signal, sr, new_sample_rate)
    except Exception as e:
        pass

    print(path)
    soundfile.write(path, new_signal, new_sample_rate)
```

```
if __name__ == '__main__':
    for i in noise_paths:
        change_sample_rate(i, new_sample_rate=16000)
```

结果输出如下。

```
16000_pcm_speeches\noise\other\exercise_bike.wav
16000_pcm_speeches\noise\other\pink_noise.wav
16000_pcm_speeches\noise\_background_noise_\10convert.com_Audience-
Claps_daSG5fwdA7o.wav
16000_pcm_speeches\noise\_background_noise_\doing_the_dishes.wav
16000_pcm_speeches\noise\_background_noise_\dude_miaowing.wav
16000_pcm_speeches\noise\_background_noise_\running_tap.wav
```

（6）首先运行一条命令，以确保所有噪声音频文件的采样率为 16000Hz。然后定义一个函数，该函数 load_noise_sample 接受一个文件路径并返回该文件的音频数据（如果该文件的采样率为 16000Hz）。接着创建一个名为的空列表 noises，遍历 noise 文件夹中的所有文件路径，如果文件的采样率为 16000 Hz，noise_paths 则将每个文件的音频数据追加到列表中。最后，将列表堆叠在一起成为一个张量，代码如下。

```
import tensorflow as tf
sample_rate = 16000
def load_noise_sample(path):
    sample, sampling_rate = tf.audio.decode_wav(
        tf.io.read_file(path), desired_channels=1
    )
    if sampling_rate == sample_rate:
        slices = int(sample.shape[0] / sample_rate)
        sample = tf.split(sample[: slices * sample_rate], slices)
        return sample
    else:
        print("采样频率为",path, "是不正确的")
        return None


noises = []
for path in noise_paths:
    sample = load_noise_sample(path)
    if sample:
        noises.extend(sample)
noises = tf.stack(noises)
```

（7）函数 paths_and_labels_to_dataset 从音频路径列表及其相应标签创建数据集。它首先通过从音频路径创建数据集，然后使用函数 path_to_audio 将每个路径映射到相应的音频数据来实现这一点。标签数据集也根据输入标签创建。最后，该函数返回一个数据集，该数据集使用结合了音频数据和标签 tf.data.Dataset.zip。代码如下。

```
def paths_and_labels_to_dataset(audio_paths, labels):
```

```
        path_ds = tf.data.Dataset.from_tensor_slices(audio_paths)  # 从音频路径
创建数据集
        audio_ds = path_ds.map(lambda x: path_to_audio(x))         # 将音频路径
映射为音频数据集
        label_ds = tf.data.Dataset.from_tensor_slices(labels)      # 从标签创建
数据集
        return tf.data.Dataset.zip((audio_ds, label_ds))           # 将音频数据
集和标签数据集进行合并并返回一个新的数据集
```

（8）函数 path_to_audio 将音频文件路径作为输入，并将音频数据作为张量返回。它通过使用读取文件 tf.io.read_file、使用解码音频 tf.audio.decode_wav 并仅保留音频的第一个通道。代码如下。

```
    def path_to_audio(path):
        audio = tf.io.read_file(path)
        audio, _ = tf.audio.decode_wav(audio, 1, sample_rate)
        return audio
```

步骤 2　准备特征提取。

（1）函数 audio_to_fft() 将音频数据转换为其快速傅里叶变换（fast Fourier transform，FFT）表示形式。代码如下。

```
    def audio_to_fft(audio):
        audio = tf.squeeze(audio, axis=-1)
        fft = tf.signal.fft(
            tf.cast(tf.complex(real=audio, imag=tf.zeros_like(audio)), tf.
complex64)
        )
        fft = tf.expand_dims(fft, axis=-1)

        return tf.math.abs(fft[:, : (audio.shape[1] // 2), :])
    class_names = os.listdir(audio_path)
    audio_paths = []
    labels = []
    for label, name in enumerate(class_names):
        print(" 说话者是 :", (name))
        dir_path = Path(audio_path) / name
        speaker_sample_paths = [
            os.path.join(dir_path, filepath)
            for filepath in os.listdir(dir_path)
            if filepath.endswith(".wav")
        ]
        audio_paths += speaker_sample_paths
        labels += [label] * len(speaker_sample_paths)
```

结果输出如下。

```
    说话者是 : Benjamin_Netanyau
```

```
说话者是 : Jens_Stoltenberg
说话者是 : Julia_Gillard
说话者是 : Magaret_Tarcher
说话者是 : Nelson_Mandela
```

（2）打乱音频路径和标签，并将它们拆分为训练集和验证集，训练集添加了噪声，并且使用 audio_to_fft 函数将两个集的音频数据转换为频域。代码如下。

```
    import numpy as np
    shuffle_seed = 234  # 设置随机数种子，用于保持随机性的一致性
    rng = np.random.RandomState(shuffle_seed)  # 创建随机状态实例
    rng.shuffle(audio_paths)  # 对音频路径进行随机打乱
    rng = np.random.RandomState(shuffle_seed)  # 创建新的随机状态实例
    rng.shuffle(labels)  # 对标签进行随机打乱
    valid_split = 0.1  # 验证集比例
    num_val_samples = int(valid_split * len(audio_paths))  # 计算验证集样本数
    train_audio_paths = audio_paths[:-num_val_samples]  # 划分训练集音频路径
    train_labels = labels[:-num_val_samples]  # 划分训练集标签

    valid_audio_paths = audio_paths[-num_val_samples:]  # 划分验证集音频路径
    valid_labels = labels[-num_val_samples:]  # 划分验证集标签
    batch_size = 16  # 批处理大小
    train_ds = paths_and_labels_to_dataset(train_audio_paths, train_labels)
# 创建训练集数据集
    train_ds = train_ds.shuffle(buffer_size=batch_size * 8, seed=shuffle_
seed).batch(
        batch_size
    )  # 对训练集进行缓冲区打乱和分批处理

    valid_ds = paths_and_labels_to_dataset(valid_audio_paths, valid_labels)
# 创建验证集数据集
    valid_ds = valid_ds.shuffle(buffer_size=32 * 8, seed=shuffle_seed).
batch(32)  # 对验证集进行缓冲区打乱和分批处理
    # 在训练集中添加噪声
    SCALE = 0.0  # 噪声比例

    # 使用 audio_to_fft 函数将音频波形转换为频域表示
    train_ds = train_ds.map(
        lambda x, y: (audio_to_fft(x), y), num_parallel_calls=tf.data.exper-
imental.AUTOTUNE
    )  # 对训练集进行映射操作，将音频波形转换为频域表示
    # 提前加载训练集数据
    train_ds = train_ds.prefetch(tf.data.experimental.AUTOTUNE)

    valid_ds = valid_ds.map(
        lambda x, y: (audio_to_fft(x), y), num_parallel_calls=tf.data.exper-
imental.AUTOTUNE
    )  # 对验证集进行映射操作，将音频波形转换为频域表示
```

```
# 提前加载验证集数据
valid_ds = valid_ds.prefetch(tf.data.experimental.AUTOTUNE)
```

步骤 3 设置模型。

（1）判断 GPU 是否可用。代码如下。

```
print(tf.test.is_gpu_available())
```

结果输出如下。输出为 True，说明 GPU 可用。

```
True
```

（2）定义网络模型，网络模型是基于 CNN 的实现，用于进行分类任务。它包含多个残差块（residual block），每个残差块由多个卷积层和激活函数组成。在每个残差块的最后一个卷积层中，将输入与跨越卷积层的跳跃连接（skip connection）相加，从而实现残差学习。最后，使用平均池化层和全连接层来进行汇总和分类，其中 softmax 函数用于输出分类概率。具体来说，该模型的输入为（sample_rate // 2, 1），其中 sample_rate 表示音频采样率。模型包含多个残差块，每个残差块内有若干个卷积层和激活函数。每个残差块的输出都通过最大池化层进行下采样，汇总多个特征。最后，通过全连接层进行分类预测。该模型使用了 TensorFlow 和 Keras 库进行搭建，其中，Conv1D 是一维卷积层，MaxPool1D 是一维最大池化层，Dense 是全连接层。keras.layers 中的其他函数用于实现激活函数、添加跳跃连接、平均池化层等。模型使用了 Adam 优化器和稀疏分类交叉熵（sparse categorical crossentropy）损失函数进行训练。代码如下。

```
from tensorflow import keras
from tensorflow.keras.layers import Conv1D
def residual_block(x, filters, conv_num = 3, activation = "relu"):
    s = keras.layers.Conv1D(filters, 1, padding = "same")(x)

    for i in range(conv_num - 1):
        x = keras.layers.Conv1D(filters, 3, padding = "same")(x)
        x = keras.layers.Activation(activation)(x)

    x = keras.layers.Conv1D(filters, 3, padding = "same")(x)
    x = keras.layers.Add()([x, s])
    x = keras.layers.Activation(activation)(x)

    return keras.layers.MaxPool1D(pool_size = 2, strides = 2)(x)

def build_model(input_shape, num_classes):
    inputs = keras.layers.Input(shape = input_shape, name = "input")

    x = residual_block(inputs, 8, 2)
    x = residual_block(inputs, 16, 2)
    x = residual_block(inputs, 32, 3)
    x = residual_block(inputs, 64, 3)
```

```
        x = residual_block(inputs, 128, 3)
        x = keras.layers.AveragePooling1D(pool_size=3, strides=3)(x)
        x = keras.layers.Flatten()(x)
        x = keras.layers.Dense(256, activation="relu")(x)
        x = keras.layers.Dense(128, activation="relu")(x)

         outputs = keras.layers.Dense(num_classes, activation = "softmax",
name = "output")(x)

        return keras.models.Model(inputs = inputs, outputs = outputs)

    model = build_model((sample_rate // 2, 1), len(class_names))

    model.summary()

    model.compile(optimizer="Adam", loss="sparse_categorical_crossentropy",
metrics=["accuracy"])
```

结果输出如下。

```
    Model: "model"
    ____________________________________________________________________________
    Layer (type)                Output Shape          Param # Connected to
    ============================================================================
    input (InputLayer)          [(None, 8000, 1)]     0
    ____________________________________________________________________________
    conv1d_37 (Conv1D)           (None, 8000, 128)    512      input[0][0]
    ____________________________________________________________________________
    activation_26 (Activation) (None, 8000, 128)      0        conv1d_37[0][0]
    ____________________________________________________________________________
    conv1d_38 (Conv1D)           (None, 8000, 128)    49280    activation_26[0][0]
    ____________________________________________________________________________
    activation_27 (Activation) (None, 8000, 128)      0        conv1d_38[0][0]
    ____________________________________________________________________________
    conv1d_39 (Conv1D)           (None, 8000, 128)    49280    activation_27[0][0]
    ____________________________________________________________________________
    conv1d_36 (Conv1D)           (None, 8000, 128)    256      input[0][0]
    ____________________________________________________________________________
    add_10 (Add)                 (None, 8000, 128)    0        conv1d_39[0][0]
                                                               conv1d_36[0][0]
    ____________________________________________________________________________
    activation_28 (Activation)      (None, 8000, 128)  0       add_10[0][0]
    ____________________________________________________________________________
    max_pooling1d_10(MaxPooling1D)  (None, 4000, 128)  0       activation_28[0][0]
    ____________________________________________________________________________
    average_pooling1d_1 (AveragePoo(None, 1333, 128)   0       max_pooling1d_10
                                                               [0][0]
    ____________________________________________________________________________
```

```
    flatten_1 (Flatten)         (None, 170624)     0         average_pooling
                                                             1d_1[0][0]
    ___________________________________________________________________________
    dense_2 (Dense)             (None, 256)        43680000  flatten_1[0][0]
    ___________________________________________________________________________
    dense_3 (Dense)             (None, 128)        32896     dense_2[0][0]
    ___________________________________________________________________________
    output (Dense)              (None, 5)          645       dense_3[0][0]
    ===========================================================================
    Total params: 43,812,869
    Trainable params: 43,812,869
    Non-trainable params: 0
    ___________________________________________________________________________
```

步骤 4　训练模型。

（1）设置训练的主要参数用于训练模型。代码如下。

```
history = model.fit(
    train_ds,
    epochs=15,
    batch_size=16,
    validation_data=valid_ds,
)
```

结果输出如下。

```
    Epoch 1/15
    53/53 [==============================] - 28s 359ms/step - loss: 15.4194
- accuracy: 0.6349 - val_loss: 0.3340 - val_accuracy: 0.9187
    C:\Users\Administrator\.conda\envs\vc\lib\site-packages\keras\utils\
generic_utils.py:497: CustomMaskWarning: Custom mask layers require a config
and must override get_config. When loading, the custom mask layer must be
passed to the custom_objects argument.
      category=CustomMaskWarning)
    Epoch 2/15
    53/53 [==============================] - 19s 336ms/step - loss: 0.1609
- accuracy: 0.9456 - val_loss: 0.0716 - val_accuracy: 0.9693
    Epoch 3/15
    53/53 [==============================] - 19s 339ms/step - loss: 0.0576
- accuracy: 0.9772 - val_loss: 0.0422 - val_accuracy: 0.9893
    Epoch 4/15
    53/53 [==============================] - 19s 342ms/step - loss: 0.0210
- accuracy: 0.9933 - val_loss: 0.0265 - val_accuracy: 0.9907
    Epoch 5/15
    53/53 [==============================] - 19s 346ms/step - loss: 0.0128
- accuracy: 0.9973 - val_loss: 0.0217 - val_accuracy: 0.9960
    Epoch 6/15
```

```
    53/53 [==============================] - 19s 348ms/step - loss: 0.0110
- accuracy: 0.9978 - val_loss: 0.0240 - val_accuracy: 0.9933
    Epoch 7/15
    53/53 [==============================] - 19s 349ms/step - loss: 0.0055
- accuracy: 0.9985 - val_loss: 0.0270 - val_accuracy: 0.9933
    Epoch 8/15
    53/53 [==============================] - 19s 352ms/step - loss: 0.0791
- accuracy: 0.9804 - val_loss: 0.0339 - val_accuracy: 0.9907
    Epoch 9/15
    53/53 [==============================] - 20s 354ms/step - loss: 0.0140
- accuracy: 0.9951 - val_loss: 0.0421 - val_accuracy: 0.9840
    Epoch 10/15
    53/53 [==============================] - 20s 355ms/step - loss: 0.0060
- accuracy: 0.9984 - val_loss: 0.0157 - val_accuracy: 0.9960
    Epoch 11/15
    53/53 [==============================] - 20s 356ms/step - loss: 0.0016
- accuracy: 0.9997 - val_loss: 0.0094 - val_accuracy: 0.9960
    Epoch 12/15
    53/53 [==============================] - 20s 356ms/step - loss:
4.5220e-04 - accuracy: 1.0000 - val_loss: 0.0102 - val_accuracy: 0.9960
    Epoch 13/15
    53/53 [==============================] - 20s 356ms/step - loss:
2.0686e-04 - accuracy: 1.0000 - val_loss: 0.0075 - val_accuracy: 0.9973
    Epoch 14/15
    53/53 [==============================] - 20s 356ms/step - loss:
1.2055e-04 - accuracy: 1.0000 - val_loss: 0.0073 - val_accuracy: 0.9960
    Epoch 15/15
    53/53 [==============================] - 20s 357ms/step - loss:
7.9775e-05 - accuracy: 1.0000 - val_loss: 0.0084 - val_accuracy: 0.9960
```

（2）接下来进行模型评估，使用 model.evaluate 函数（一个用于在给定数据上评估模型的函数）。它接收输入数据和相应的标签，返回损失值和一组指标（如准确率），用于衡量模型在数据上的表现。代码如下。

```
print("模型准确率:",model.evaluate(valid_ds))
```

结果输出如下。

```
    24/24 [==============================] - 1s 13ms/step - loss: 0.0084 -
accuracy: 0.9947
    模型准确率: [0.008351563476026058, 0.9946666955947876]
```

（3）显示训练集和测试集的损失。代码如下，结果输出如图 6-4 所示。

```
plt.figure(figsize=(8,4))
plt.plot(history.history['loss'])
plt.plot(history.history['val_loss'])
```

```
plt.title('模型损失')
plt.ylabel('损失')
plt.xlabel('轮次')
plt.legend(['训练集', '验证集'])
plt.show()
```

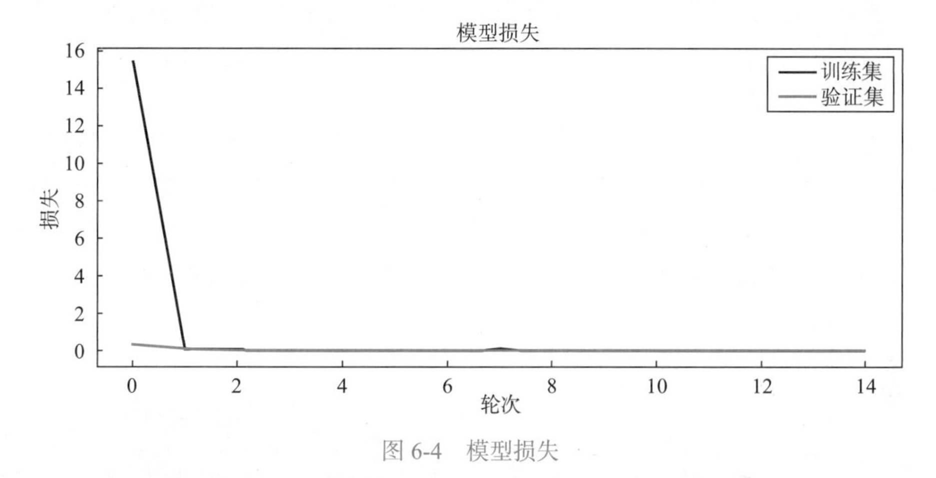

图 6-4 模型损失

（4）显示训练集和测试集的准确率。代码如下，结果输出如图 6-5 所示。

```
plt.figure(figsize=(8,4))
plt.plot(history.history['accuracy'])
plt.plot(history.history['val_accuracy'])
plt.title('模型准确率')
plt.ylabel('准确率')
plt.xlabel('轮次')
plt.legend(['训练集', '验证集'])
plt.show()
```

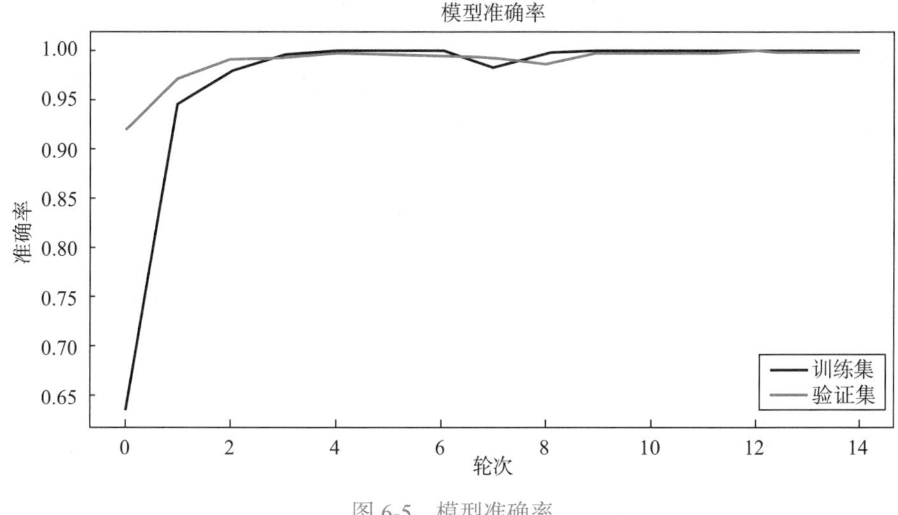

图 6-5 模型准确率

（5）输出客观评价结果。使用 classification_report 函数计算模型的分类报告，classification_report 是 sklearn.metrics 库中一个用于生成分类模型评估报告的函数。它接收实际标签和预测标签作为输入，并输出包含准确率、召回率、F1 值、支持数量等指标的分类模型评估报告。confusion_matrix 函数和 sns.heatmap 函数用于可视化分类模型性能。

① confusion_matrix 函数可以生成一个混淆矩阵，用于可视化模型的分类结果。混淆矩阵是一个表格，其中行表示实际类别，列表示预测类别，矩阵中的每个单元格表示模型将某个实际类别的样本预测为某个预测类别的数量。

② sns.heatmap 函数可以将混淆矩阵可视化为一个热力图。热力图是一种使用颜色编码数据的图表，可以更加直观地展示模型的分类性能。热力图的横轴和纵轴分别表示预测类别和实际类别，每个单元格的颜色表示该类别组合下的样本数量或样本比例。通常使用不同的颜色或色块来表示不同的数量或比例，如绿色表示较少或较低的数量或比例，红色表示较多或较高的数量或比例。

输出模型客观评价结果的代码如下。

```
    from sklearn.metrics import classification_report # 导入分类报告函数
    from sklearn.metrics import confusion_matrix # 导入混淆矩阵函数
    import seaborn as sns # 导入 Seaborn 数据可视化库
    test_ds = paths_and_labels_to_dataset(valid_audio_paths, valid_labels)
# 创建测试数据集
    test_ds = test_ds.shuffle(buffer_size=batch_size * 8, seed=shuffle_seed).
batch(
        batch_size
    ) # 对测试数据集进行乱序处理和批处理

    for audios, labels in test_ds.take(1): # 遍历测试数据集
        ffts = audio_to_fft(audios) # 将音频数据转换为 FFT 表示
        y_pred = model.predict(ffts) # 使用模型进行预测
        audios = audios.numpy() # 将音频数据转换为 NumPy 数组
        labels = labels.numpy() # 将标签数据转换为 NumPy 数组
        y_pred = np.argmax(y_pred, axis=-1) # 获取预测结果中的最大值索引作为预测标签

        print(classification_report(labels,y_pred)) # 打印分类报告

         sns.heatmap(confusion_matrix(labels, y_pred),cmap='viridis',an-
not=True,fmt='.3g',
                xticklabels=class_names, yticklabels=class_names) # 绘制混淆
矩阵的热力图
        plt.xlabel(' 预测类别 ') # 设置 x 轴标签
        plt.ylabel(' 真实类别 ') # 设置 y 轴标签
        plt.show() # 显示图像
```

结果输出如下，模型混淆矩阵结果如图 6-6 所示。

```
                precision    recall  f1-score   support

           0       1.00      1.00      1.00         4
           1       1.00      1.00      1.00         3
           2       1.00      1.00      1.00         3
           3       1.00      1.00      1.00         2
           4       1.00      1.00      1.00         4

    accuracy                           1.00        16
   macro avg       1.00      1.00      1.00        16
weighted avg       1.00      1.00      1.00        16
```

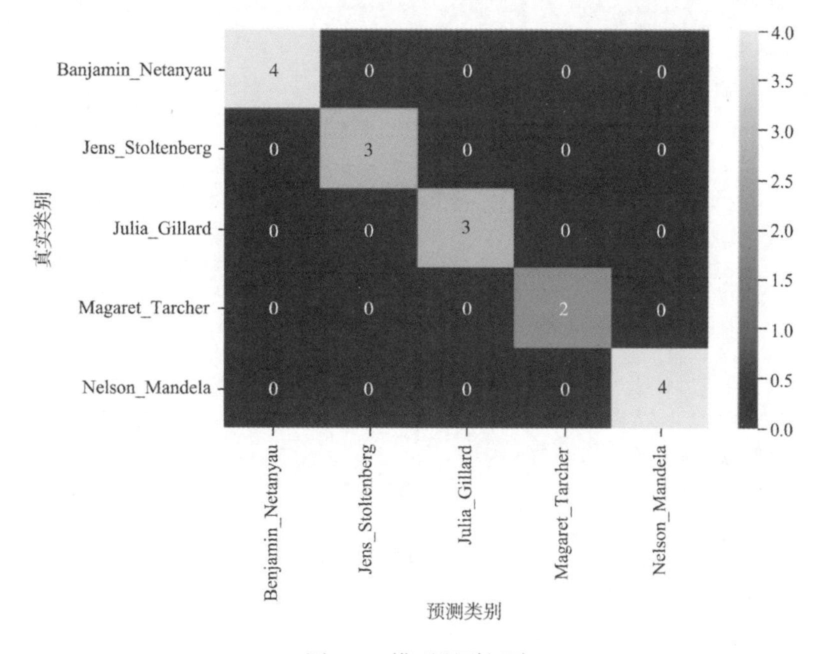

图 6-6 模型混淆矩阵

步骤 5 测试模型。

接下来进行声纹识别测试，代码如下。

```
def paths_and_labels_to_dataset(audio_paths, labels):
    path_ds = tf.data.Dataset.from_tensor_slices(audio_paths)
    audio_ds = path_ds.map(lambda x: path_to_audio(x))  # 将音频路径转换为
音频数据集
    label_ds = tf.data.Dataset.from_tensor_slices(labels)
    return tf.data.Dataset.zip((audio_ds, label_ds))  # 将音频数据集和标签数
据集合并成一个数据集

def add_noise(audio, noises=None, scale=0.5):
    if noises is not None:
        # 创建一个与音频大小相同的随机张量，范围从 0 到噪声流样本数
        tf_rnd = tf.random.uniform(
```

```
                (tf.shape(audio)[0],), 0, noises.shape[0], dtype=tf.int32
            )
    # 根据随机张量从噪声数据集中获取噪声
            noise = tf.gather(noises, tf_rnd, axis=0)
            # 计算音频和噪声的振幅比例
            prop = tf.math.reduce_max(audio, axis=1) / tf.math.reduce_max-
(noise, axis=1)
            prop = tf.repeat(tf.expand_dims(prop, axis=1), tf.shape(audio)
[1], axis=1)

            # 将重新缩放的噪声加入音频中
            audio = audio + noise * prop * scale

        return audio

    scale = 0.1  # 噪声缩放因子

    test_ds = paths_and_labels_to_dataset(valid_audio_paths, valid_labels)
# 创建测试数据集
    test_ds = test_ds.shuffle(buffer_size=batch_size * 8, seed=shuffle_seed).
batch(
        batch_size
    )  # 对测试数据集进行随机打乱和批处理
    test_ds = test_ds.map(lambda x, y: (add_noise(x, noises, scale=scale),
y))  # 对测试数据集中的音频应用噪声


    for audios, labels in test_ds.take(1):
        ffts = audio_to_fft(audios)  # 将音频转换为傅里叶变换
        y_pred = model.predict(ffts)  # 使用模型进行预测
        # 随机选择样本进行展示
        rnd = np.random.randint(0, batch_size, SAMPLES_TO_DISPLAY)
        audios = audios.numpy()[rnd, :, :]  # 获取选择的音频样本
        labels = labels.numpy()[rnd]  # 获取选择的标签样本
        y_pred = np.argmax(y_pred, axis=-1)[rnd]  # 获取预测的标签

        for index in range(SAMPLES_TO_DISPLAY):
            predicted_label = class_names[y_pred[index]]  # 预测的标签
            actual_label = class_names[labels[index]]  # 实际的标签
            is_correct = predicted_label == actual_label  # 是否预测正确

            # 设置输出颜色，绿色表示预测正确，红色表示预测错误
            color = "[92m" if is_correct else "[91m"
            print(f"说话人是：\33{color} {actual_label} \33[0m\tPrediction:
\33{color} {predicted_label} \33[0m"
            )
```

结果输出如下。

```
说话人： Benjamin_Netanyau      预测人： Benjamin_Netanyau
正确
*****************************************************
说话人： Magaret_Tarcher        预测人： Magaret_Tarcher
正确
*****************************************************
说话人： Benjamin_Netanyau      预测人： Benjamin_Netanyau
正确
*****************************************************
说话人： Julia_Gillard          预测人： Julia_Gillard
正确
*****************************************************
说话人： Julia_Gillard          预测人： Julia_Gillard
正确
*****************************************************
说话人： Benjamin_Netanyau      预测人： Benjamin_Netanyau
正确
*****************************************************
说话人： Benjamin_Netanyau      预测人： Benjamin_Netanyau
正确
*****************************************************
说话人： Benjamin_Netanyau      预测人： Benjamin_Netanyau
正确
*****************************************************
```

学习评价

任务评价表

任务名称	任务详情	评价要素	分值	评价主体		
				学生自评	小组互评	教师点评
了解声纹识别的步骤	熟知声纹识别中每一步的意义、关键点	熟知程度	20			
了解声纹识别特征提取的原理	熟知声纹特征提取中每一步的意义、关键点	熟知程度	10			
搭建声纹识别的环境	安装好相关的库、包	是否安装	20			
完成声纹识别系统	完成声纹识别系统	准确率	50			

语音合成系统

项目导读

语音合成技术是指利用电子计算机和专用设备模拟人类语音，将任意文字转换为语音的一种技术，它包括声学、语言学和数字信号处理等多个技术，是中文信息处理领域的前沿技术。目前在许多的应用场景中都有使用，例如阅读听书、资讯播报、订单播报和智能硬件等。本项目将介绍如何实现一个语音合成系统。

知识目标

了解网络语音合成的关键技术、工作原理、合成步骤；掌握搭建网络语音合成的环境，理解网络语音合成的过程。

能力目标

掌握基于机器学习的网络语音合成过程。

素质目标

具备解决问题的能力，包括分析问题、制定解决方案、采取行动并评估结果的能力，能够灵活应对多种挑战和难题。

项目重难点

工 作 任 务	建议学时	重 难 点	重要程度
任务 7–1 完成语音合成系统的环境搭建	1	了解语音合成	★☆☆☆☆
		了解语音合成常见技术	★★☆☆☆
		了解语音合成过程	★★☆☆☆
任务 7–2 实现语音合成系统	5	下载 TensorFlowTTS	★☆☆☆☆
		下载数据集	★★☆☆☆
		配置环境与预处理数据	★★★☆☆
		训练声码器模型	★★★★☆
		训练 MelGAN 模型	★★★★☆
		测试语音合成	★★☆☆☆

任务 7–1 完成语音合成系统的环境搭建

任务要求

本任务要读者完成语音合成系统相关的软件和第三方库的安装，实现语音合成系统的环境搭建。

知识准备

1. 语音合成

语音合成（speech synthesis）通过对人类语音的声学特征进行建模和分析，并使用数学算法模拟这些特征的变化，生成新的语音。语音合成的实现大致包括以下 4 个步骤。

（1）文本预处理：对输入的文本进行分词、标注等预处理，生成文本特征。

（2）参数生成：使用语音合成参数生成模型，对文本特征进行分析，生成语音合成参数。

（3）音频生成：使用音频生成算法，将语音合成参数映射为音频信号。

（4）声学处理：使用声学模型，对音频信号进行处理后，生成最终的语音合成结果。

2. 常见的语音合成技术

（1）基于模型的语音合成技术是最常见的语音合成技术。它通过使用声学模型、语音合成参数生成模型和音频生成算法来实现语音合成。具体来说，基于模型的语音合成技术首先使用声学模型，对音频信号进行声学处理，得到语音信号的声学特征和其对应的语音单元。语音合成参数生成模型对文本特征进行分析，生成语音合成参数。音频生成算法则将语音合成参数映射为音频信号。基于模型的语音合成技术通常使用神经网络模型作为语音合成参数生成模型，以提高语音合成的准确性和真实性。同时，该技术具有语音合成效率高、语音质量好等特点，因此广泛应用于语音合成领域。

（2）基于规则的语音合成技术是一种通过语音合成规则对文本进行语音合成的技术。语音合成规则是根据语言学原理、语音学原理、语音合成实践经验等知识研究得出的规则，用于语音合成的处理过程。基于规则的语音合成技术的实现流程如下：首先对文本进行词法分析，从中识别出单词、标点符号等元素；其次通过语音合成规则处理该文本，并通过音频生成算法生成语音合成信号；最后通过声学模型进行声学处理，得到最终的语音合成结果。基于规则的语音合成技术具有语音合成简单、代码实现简单等特点，因此常用于语音合成系统的教学、研究等场合。然而，由于语音合成规则难以完全涵盖各种语言特征，因此基于规则的语音合成技术的语音质量通常较低，不适合生产环境的应用。

（3）基于深度学习的语音合成技术是一种通过深度学习算法对文本进行语音合成的技术。深度学习算法可以通过学习大量的语音合成数据，从而模拟语音合成的处理过程。基于深度学习的语音合成技术的实现流程如下：首先，需要收集大量的语音合成数据，包括文本数据及其对应的语音数据；其次，通过深度学习算法对语音合成数据进行训练，生成深度学习模型；最后，通过输入文本数据，使用深度学习模型生成语音合成信号，最终得到语音合成结果。基于深度学习的语音合成技术具有语音合成质量高、语音多样性强等特点，因此目前被广泛应用于语音合成系统的生产环境。然而，由于语音合成数据的收集和训练的难度较大，以及深度学习模型的构建和训练过程的复杂性，基于深度学习的语音合成技术的开发和应用较为困难。

3. 语音合成关键技术

语音合成技术主要包括以下关键技术：声学模型、音频生成算法和语音合成引擎。

（1）声学模型是语音合成技术的核心，它对人类语音的声学特征进行建模。常用的声学模型包括语音合成参数模型（synthesis parameter model，SPM）和声学模型网络（acoustic model network，AMN）。语音合成参数模型通过对语音的声学特征进行分析，将语音特征表示为一组参数，并建立声学模型。声学模型网络则通过使用深度学习算法，对语音特征进行建模。

（2）音频生成算法是语音合成的关键技术之一，是将声学模型的参数转换为音频的过程。常用的音频生成算法包括抽象声学模型（abstraction of acoustic model，AAM）、模拟声学模型（simulation of acoustic model，SAM）和时域正交分析法（time domain orthogonal analysis，TDOA）。抽象声学模型是一种通过简化声学模型

来生成音频的方法。它通过将声学模型的参数映射到语音合成参数模型（SPM）的空间，并使用该模型生成音频。模拟声学模型则是通过使用声学模型的参数，模拟人类说话过程中的声学特征变化，生成音频。时域正交分析法是一种基于正交分析的音频生成算法，它通过将语音特征表示为频域信号，并使用正交分析法进行分析，生成音频。

（3）语音合成引擎是语音合成技术的核心组件，负责将文本信息转换为语音信息。它通过结合声学模型、语音合成参数生成模型和音频生成算法，实现语音合成的过程。语音合成引擎的类型包括基于模型的语音合成引擎、基于规则的语音合成引擎和基于深度学习的语音合成引擎。基于模型的语音合成引擎是最常见的语音合成引擎，它使用声学模型、语音合成参数生成模型和音频生成算法来实现语音合成。

基于规则的语音合成引擎使用语言学规则生成语音，它不需要使用声学模型和音频生成算法，但生成的语音质量通常较低。

基于深度学习的语音合成引擎使用深度神经网络来生成语音，具有较高的语音质量和自适应性。但由于需要大量的语音数据和计算资源，该语音合成引擎的应用相对较为有限。

任务实施

步骤 1　了解相关的软件和第三方库。

使用到的库如表 7-1 所示，其中，TensorFlowTTS 是一个基于 TensorFlow 的端到端文本到语音合成工具包，它提供了多种预训练的声音模型和声学特征提取器，可以用来构建 TTS（text to speech）系统。TensorFlowTTS 还提供了一些接口和工具，使得用户可以快速地训练自己的 TTS 模型。它支持多种语音合成的方法，如基于 Tacotron2 和 WaveNet 的方法。TensorFlowTTS 是一个开源的工具包，可以在语音合成领域得到广泛的应用。

表 7-1　实验环境

项　　目	版　　本
操作系统	Windows 10 64 位专业版
开发语言	Python 3.6.13
TensorFlow	2.4.0
TensorFlowTTS	0.11
TensorBoard	2.4.1
Resamy	0.3.1

步骤 2　使用 conda 创建虚拟环境。

使用如下命令创建虚拟环境：

```
conda create -n tss python=3.6
```

步骤 3　使用激活环境。

进入目录 C:\Users\Administrator\TensorFlowTTS-0.11 中，使用如下命令对环境进行激活。

```
conda activate tss
```

步骤 4　安装 TensorFlowTTS。

使用如下命令安装 TensorFlowTTS：

```
pip install tensorflowTTS==0.11
```

步骤 5　安装其他库。

使用如下命令安装其他库。

```
pip install tensorboard
pip install resampy==0.3.1
```

步骤 6　检查环境是否部署成功。

最后需要检查环境是否搭建成功，使用如下命令，如果显示的结果中已经包含了表 7-1 中对应版本的库，说明环境已经搭建成功。

```
pip list
```

任务 7-2　实现语音合成系统

任务要求

本任务要求读者完成语音合成系统数据的预处理，声码器和 MelGAN 模型的训练，语音合成系统的测试和调优。

知识准备

实现个人语音合成系统

LJ Speech 数据集是一个用于语音合成的数据集，其包含了 13100 个句子，总时长约 24 小时，其中每个句子都对应一个文本数据和一个语音数据，文本数据表示句子的内容，语音数据表示语音信号。LJ Speech 数据集因为其具有语音数据量大、语音数据质量高、语音数据多样性强等优点，被广泛应用于语音合成系统的研究和开发中，作为语音合成模型的训练数据。使用 LJ Speech 数据集训练语音合成模型可以帮助开发者提高语音合成模型的质量，从而提高语音合成系统的效率。但是，LJ Speech 数据集的使用仍然存在一定的困难，需要具备一定的语音合成技术知识和数据处理技能。所有语音由同一名说话人录制，录制设备是 Macbook Pro 的内置麦克风，采样率为 22050 Hz。

TensorFlowTTS 的实现流程如下：首先，需要收集大量的语音合成数据，包括文本数据和对应的语音数据；其次，通过 TensorFlowTTS 框架进行预处理数据，将语音合成数据转换为深度学习算法可以识别的数据格式；再次，通过 TensorFlow 深度学习算法训练模型，得到语音合成模型；最后，通过输入文本数据，使用语音合成模型生成语音合成信号，最终得到语音合成结果。可以到 GitHub 下载 TensorFlowTTS，如图 7-1 所示。

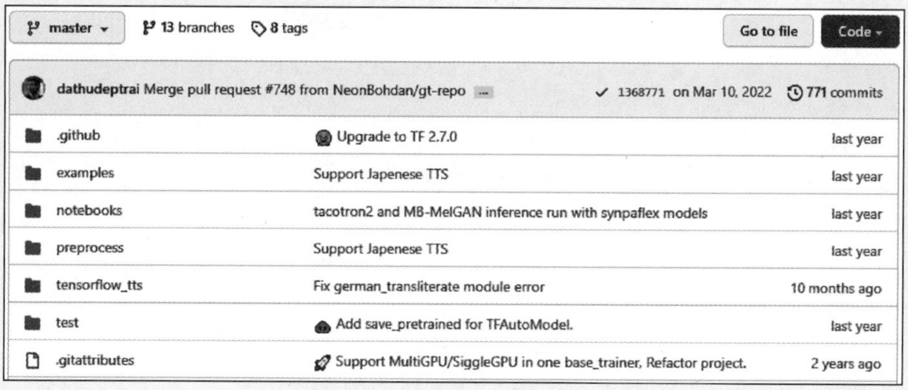

图 7-1　TensorFlowTTS 下载页面

单击图 7-1 中左上角 master 标签切换分支，如图 7-2 所示，选择 r0.11 分支，选择完成后得到图 7-3 所示的 TensorFlowTTS r0.11 分支页面。

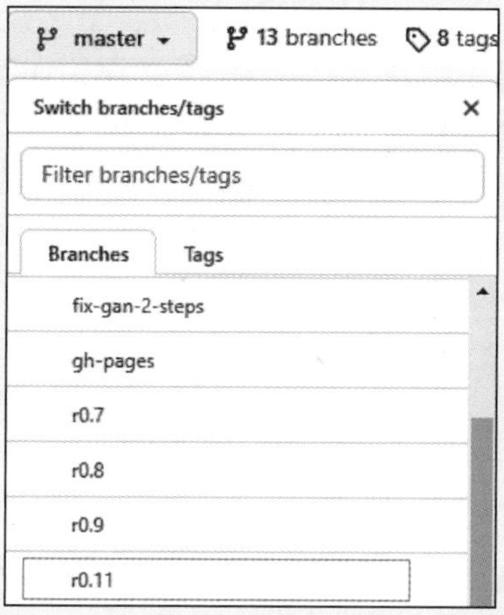

图 7-2　TensorFlowTTS master 分支切换页面

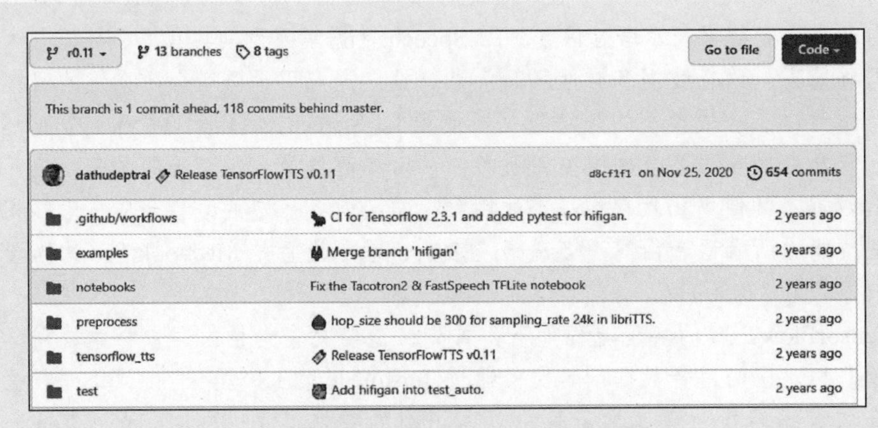

图 7-3　TensorFlowTTS r0.11 分支页面

单击图 7-4 中的 Download ZIP 标签进行下载，解压至 C:\Users\Administrator\TensorFlowTTS-0.11 目录中。

图 7-4　TensorFlowTTS r0.11 分支下载页面

任务实施

步骤 1　完成数据准备。

在 TensorFlowTTS-0.11 目录中新建 datasets 文件夹，如图 7-5 所示。打开 wavs 文件夹得到图 7-6 所示的页面，可以看到所包含的 .wav 音频文件。打开 data.csv 文件，如图 7-7 所示。其中 metadata.csv 的格式为 id | transcription，id 是编号，transcription 表示语音对应的文本信息。

› 本地磁盘 (C:) › 用户 › Administrator › TensorFlowTTS-0.11 › datasets ›

名称	修改日期	类型
wavs	2023/1/7 14:30	文件夹
metadata.csv	2017/7/6 1:17	Microsoft Office...
README	2018/2/20 2:59	文件

图 7-5　解压 LJ Speech

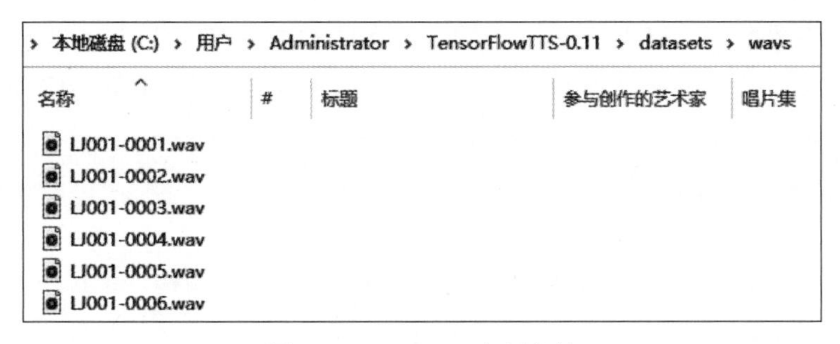

图 7-6 LJ Speech 音频文件

A1 LJ001-0001|Printing

	A	B	C	D	E	F	G	H	I	J	K
1	LJ001-000(	in the c	differs	in the c	differs from most if not from all the arts and crafts represent						
2	LJ001-0002|in being comparatively modern. |in being comparatively modern.										
3	LJ001-000(	by a sir	by a similar process								
4	LJ001-000(	which we	|producec	which were the immediate predecessors of the true printed book							
5	LJ001-0005|the invention of movable metal letters in the middle of the fifteenth century may justly										
6	LJ001-000(	as an ex	|And it i	as an example of fine typography							
7	LJ001-000(	the Gute	or "fort	|the earl	the Gute	or "forty-two line Bible" of about fourteen fifty-five					

图 7-7 LJ Speech 音频对应文本

步骤 2 预处理数据。

（1）将字符转换为 id，计算预标准化梅尔频谱（Mel-spectrum），将音频标准化为 [−1, 1]，将数据集拆分为训练集和验证集。输入命令如图 7-8 所示。

```
tensorflow-tts-preprocess --rootdir ./datasets/ --outdir ./dump/ --conf
preprocess/ljspeech_preprocess.yaml
```

```
(t11) C:\Users\Administrator\TensorFlowTTS-0.11>tensorflow-tts-preprocess --rootdir ./datase
ts/ --outdir ./dump/ --conf preprocess/ljspeech_preprocess.yaml
2023-01-08 10:26:55,292 (preprocess:368) INFO: Selected 'ljspeech' processor.
2023-01-08 10:26:55,359 (preprocess:407) INFO: Training items: 12445
2023-01-08 10:26:55,359 (preprocess:408) INFO: Validation items: 655
[Preprocessing train]:   2%|▌                     | 200/12445 [00:22<11:38, 17.53it/s]
```

图 7-8 计算预标准化梅尔频谱

如图 7-9 所示，dump 文件夹存放了数据集标准化处理结果，其中，train 文件夹中存放了训练集标准化数据，valid 文件夹中存放了验证集标准化数据。

› 本地磁盘 (C:) › 用户 › Administrator › TensorFlowTTS-0.11 › dump ›

名称	修改日期	类型	大小
train	2023/1/7 15:11	文件夹	
valid	2023/1/7 15:11	文件夹	
ljspeech_mapper.json	2023/1/7 14:56	JSON File	4 KB
stats.npy	2023/1/7 15:10	NPY 文件	1 KB
stats_energy.npy	2023/1/7 15:10	NPY 文件	1 KB
stats_f0.npy	2023/1/7 15:10	NPY 文件	1 KB
train_utt_ids.npy	2023/1/7 14:56	NPY 文件	487 KB
valid_utt_ids.npy	2023/1/7 14:56	NPY 文件	26 KB

图 7-9 数据集标准化处理结果

（2）预处理数据，计算训练集梅尔频谱的均值和方差。输入命令如下，输出结果如图 7-10 所示，数据集标准化处理 ids 和 norm-feats 结果如图 7-11 和图 7-12 所示。

```
tensorflow-tts-compute-statistics --rootdir ./dump/ --outdir ./dump
--config preprocess/ljspeech_preprocess.yaml
```

```
(t11) C:\Users\Administrator\TensorFlowTTS-0.11>tensorflow-tts-compute-statistics --rootdir
./dump/ --outdir ./dump --config preprocess/ljspeech_preprocess.yaml
2023-01-08 10:25:48,575 (preprocess:545) INFO: Computing statistics for 12445 files.
  3%|█                                        | 343/12445 [00:00<00:28, 428.55it/s]
```

图 7-10 训练梅尔频谱的均值和方差

› TensorFlowTTS-0.11 › dump › train › ids

名称	修改日期	类型
LJ001-0001-ids.npy	2023/1/7 14:57	NPY 文件
LJ001-0002-ids.npy	2023/1/7 15:04	NPY 文件
LJ001-0003-ids.npy	2023/1/7 15:02	NPY 文件
LJ001-0004-ids.npy	2023/1/7 14:57	NPY 文件
LJ001-0005-ids.npy	2023/1/7 15:06	NPY 文件
LJ001-0006-ids.npy	2023/1/7 15:05	NPY 文件

图 7-11 数据集 ids 标准化处理结果 -ids

› TensorFlowTTS-0.11 › dump › train › norm-feats

名称	修改日期	类型
LJ001-0001-norm-feats.npy	2023/1/7 15:12	NPY 文件
LJ001-0002-norm-feats.npy	2023/1/7 15:12	NPY 文件
LJ001-0003-norm-feats.npy	2023/1/7 15:12	NPY 文件
LJ001-0004-norm-feats.npy	2023/1/7 15:12	NPY 文件
LJ001-0005-norm-feats.npy	2023/1/7 15:12	NPY 文件
LJ001-0006-norm-feats.npy	2023/1/7 15:12	NPY 文件

图 7-12 数据集标准化处理结果 -norm-feats

（3）预处理数据，基于训练集的均值和方差归一化梅尔频谱。输入命令如下，输出结果如图 7-13 所示。

```
tensorflow-tts-normalize --rootdir ./dump --outdir ./dump --stats ./
dump/stats.npy --config preprocess/ljspeech_preprocess.yaml
```

```
(t11) C:\Users\Administrator\TensorFlowTTS-0.11>tensorflow-tts-normalize --rootdir ./dump --
outdir ./dump  --config preprocess/ljspeech_preprocess.yaml
2023-01-08 10:24:04,733 (preprocess:521) INFO: Files to normalize: 13100
[Normalizing]:  56%|██████████████████████        | 7371/13100 [00:16<00:10, 528.31it/s]
```

图 7-13 归一化梅尔频谱

经过预处理后，得到的项目文件夹结构如下。stats.npy 包含训练 melspectrum 的均值和方差，stats_energy.npy 是训练数据集上能量值的最小 / 最大值，stats_f0 是 f0 值的最小值 / 最大值；train_utt_ids/valid_t_ids 分别包含训练集和测试集的 uttids。输出结果如下。

```
|- datasets/
|    |- metadata.csv
|    |- wav/
|         |- file1.wav
|         |- ...
|- dump/
|    |- train/
|         |- ids/
|              |- LJ001-0001-ids.npy
|              |- ...
|         |- raw-feats/
|              |- LJ001-0001-raw-feats.npy
|              |- ...
|         |- raw-f0/
|              |- LJ001-0001-raw-f0.npy
|              |- ...
|         |- raw-energies/
|              |- LJ001-0001-raw-energy.npy
|              |- ...
|         |- norm-feats/
|              |- LJ001-0001-norm-feats.npy
|              |- ...
|         |- wavs/
|              |- LJ001-0001-wave.npy
|              |- ...
|    |- valid/
|         |- ids/
|              |- LJ001-0009-ids.npy
|              |- ...
|         |- raw-feats/
|              |- LJ001-0009-raw-feats.npy
|              |- ...
|         |- raw-f0/
|              |- LJ001-0001-raw-f0.npy
|              |- ...
|         |- raw-energies/
|              |- LJ001-0001-raw-energy.npy
|              |- ...
|         |- norm-feats/
|              |- LJ001-0009-norm-feats.npy
|              |- ...
|         |- wavs/
|              |- LJ001-0009-wave.npy
|              |- ...
|    |- stats.npy/
|    |- stats_f0.npy/
|    |- stats_energy.npy/
|    |- train_utt_ids.npy
```

```
|    |- valid_utt_ids.npy
|- examples/
|    |- melgan/
|    |- fastspeech/
|    |- tacotron2/
|    ...
```

步骤 3　训练声码器模型。

配置相关训练信息，包含模型的配置信息，例如模型的网络参数（batch.size）、是否运行使用缓存（allow-cache）等，如图 7-14 所示。

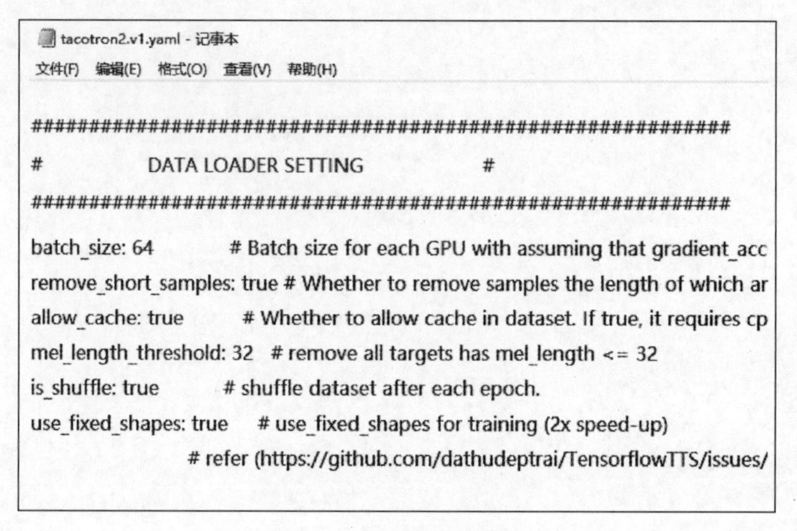

```
tacotron2.v1.yaml - 记事本
文件(F) 编辑(E) 格式(O) 查看(V) 帮助(H)

###########################################################
#              DATA LOADER SETTING              #
###########################################################
batch_size: 64          # Batch size for each GPU with assuming that gradient_acc
remove_short_samples: true # Whether to remove samples the length of which ar
allow_cache: true          # Whether to allow cache in dataset. If true, it requires cp
mel_length_threshold: 32   # remove all targets has mel_length <= 32
is_shuffle: true          # shuffle dataset after each epoch.
use_fixed_shapes: true     # use_fixed_shapes for training (2x speed-up)
                    # refer (https://github.com/dathudeptrai/TensorflowTTS/issues/
```

图 7-14　训练配置文件

在虚拟环境下输入如下命令进行声码器模型训练，训练信息如图 7-15 所示，在训练的过程中预测的频谱如图 7-16 所示。

```
. Consider either turning off auto-sharding or switching the auto_shard_policy to DATA to shard this dataset. You can do
 this by creating a new `tf.data.Options()` object then setting `options.experimental_distribute.auto_shard_policy = Aut
oShardPolicy.DATA` before applying the options object to the dataset via `dataset.with_options(options)`.
[train]:   0%|                                                                | 0/50000 [00:00<?, ?it/s]2
023-01-07 16:30:06.100106: I tensorflow/compiler/mlir/mlir_graph_optimization_pass.cc:185] None of the MLIR Optimization
 Passes are enabled (registered 2)
2023-01-07 16:30:16.119567: I tensorflow/core/kernels/data/shuffle_dataset_op.cc:175] Filling up shuffle buffer (this ma
y take a while): 7563 of 12445
2023-01-07 16:30:26.121029: I tensorflow/core/kernels/data/shuffle_dataset_op.cc:175] Filling up shuffle buffer (this ma
y take a while): 11499 of 12445
2023-01-07 16:30:29.184747: I tensorflow/core/kernels/data/shuffle_dataset_op.cc:228] Shuffle buffer filled.
[train]:   0%|▌                                              | 194/50000 [22:42<90:34:49,  6.55s/it]2
023-01-07 16:52:48,703 (base_trainer:140) INFO: (Steps: 194) Finished 1 epoch training (194 steps per epoch).
[train]:   0%|▌                                              | 200/50000 [23:22<91:43:19,  6.63s/it]2
023-01-07 16:53:28,530 (base_trainer:978) INFO: (Step: 200) train_stop_token_loss = 0.0931.
2023-01-07 16:53:28,530 (base_trainer:978) INFO: (Step: 200) train_mel_loss_before = 0.4446.
2023-01-07 16:53:28,531 (base_trainer:978) INFO: (Step: 200) train_mel_loss_after = 0.5781.
2023-01-07 16:53:28,532 (base_trainer:978) INFO: (Step: 200) train_guided_attention_loss = 0.0060.
[train]:   0%|▌                                              | 221/50000 [25:40<90:35:27,  6.55s/it]_
```

图 7-15　训练信息

```
python examples/tacotron2/train_tacotron2.py \
  --train-dir ./dump/train/ \
  --dev-dir ./dump/valid/ \
  --outdir ./examples/tacotron2/exp/train.tacotron2.v1/ \
  --config ./examples/tacotron2/conf/tacotron2.v1.yaml \
  --use-norm 1 \
  --mixed_precision 0 \
  --resume ""
```

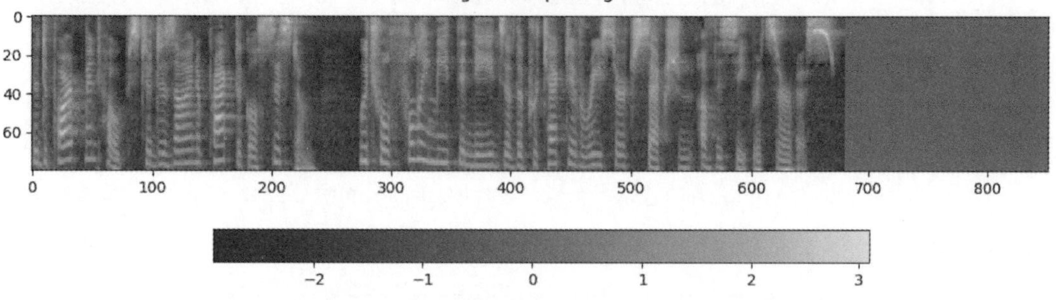

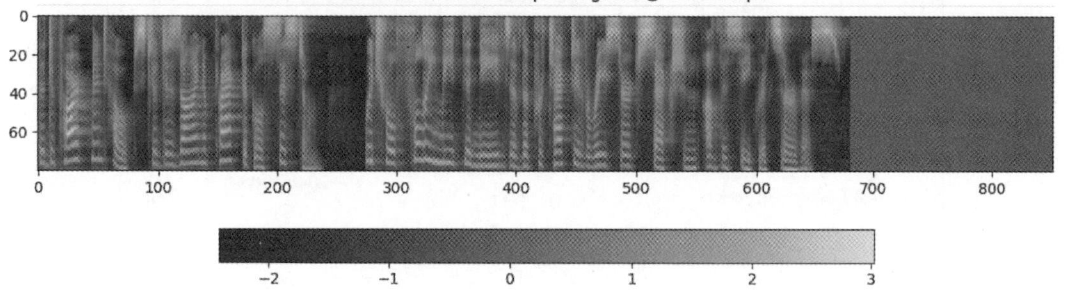

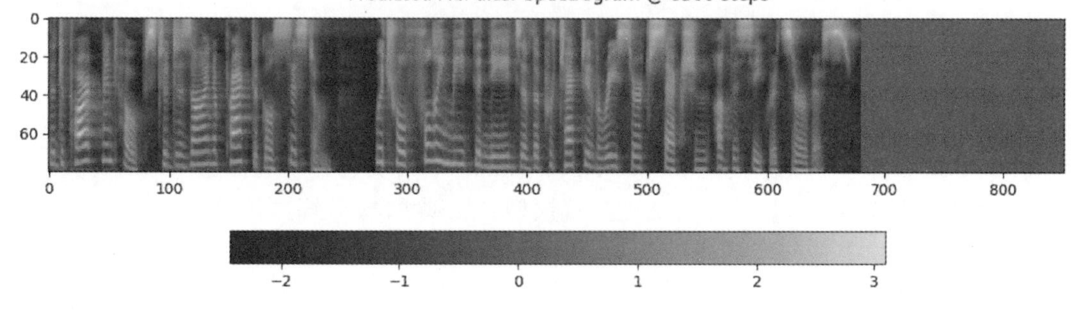

图 7-16　训练过程预测的频谱

步骤 4　训练 Melgan 模型。

选择对应的配置文件 train_multiband_melgan.py 进行训练。输入命令如下。训练信息如图 7-17 所示。

```
python examples/multiband_melgan/train_multiband_melgan.py --train-dir ./dump/train/ \
```

```
    --dev-dir ./dump/valid/ \
    --outdir ./examples/multiband_melgan/exp/train.multiband_melgan.baker.v1/ \
    --config ./examples/multiband_melgan/conf/multiband_melgan.baker.v1.yaml \
    --use-norm 1 \
    --generator_mixed_precision 1 \
    --resume ""
```

```
2023-01-08 10:05:53.027199: I tensorflow/core/grappler/optimizers/auto_mixed_precision.cc:19
79] Converted 862/5007 nodes to float16 precision using 28 cast(s) to float16 (excluding Con
st and Variable casts)
2023-01-08 10:05:54.062254: I tensorflow/core/grappler/optimizers/auto_mixed_precision.cc:19
79] Converted 0/4251 nodes to float16 precision using 0 cast(s) to float16 (excluding Const
and Variable casts)
[train]:   0%|                                 | 194/4000000 [01:24<278:59:34,  3.98it/s]2
023-01-08 10:06:48,205 (base_trainer:140) INFO: (Steps: 194) Finished 1 epoch training (194
steps per epoch).
[train]:   0%|                                 | 200/4000000 [01:25<306:05:32,  3.63it/s]2
```

图 7-17　训练信息

也可以在预训练模型的基础上继续训练。预训练模型可以在官网上下载，下载页面如图 7-18 所示。

Model	Conf	Lang	Fs [Hz]	Mel range [Hz]	FFT / Hop / Win [pt]	# iters
multiband_melgan.v1	link	EN	22.05k	80-7600	1024 / 256 / None	940K
multiband_melgan.v1	link	KO	22.05k	80-7600	1024 / 256 / None	1000K
multiband_melgan.v1_24k	link	EN	24k	80-7600	2048 / 300 / 1200	1000K

图 7-18　预训练模型下载页面及相关信息

步骤 5　测试语音合成。

（1）导入相关库。其中 AutoConfig 类位于 tensorflow_tts.inference 模块中，用于自动选择适用于给定模型类型的配置类。创建 AutoConfig 类的实例时，可以使用 model_type 参数指定模型类型。可用的模型类型包括 Tacotron2、FastSpeech、MelGAN 和 MultiBandMelGAN。根据指定的 model_type，AutoConfig 类将自动选择适当的配置类，并返回该类的实例。这样可以轻松灵活地配置模型，无须手动选择适当的配置类。

TFAutoModel 类是一个通用的 TensorFlow 2.x 模型加载器，可以根据指定的模型类型自动选择适当的模型类并加载预训练权重。它支持多种语音合成模型，如 Tacotron2、FastSpeech、MelGAN 和 MultiBandMelGAN。通过使用 TFAutoModel 类，可以轻松地实例化一个语音合成模型，而无须手动选择适当的模型类。

AutoProcessor 类是一个通用的处理器加载器，可以根据指定的模型类型自动选择适当的处理器类。它支持多种语音合成模型，如 Tacotron2、FastSpeech、MelGAN 和 MultiBandMelGAN。通过使用 AutoProcessor 类，可以轻松地实例化一个语音合成处理器，而无须手动选择适当的处理器类。语音合成处理器可用于将文本转换为语音信号，并且还支持各种语音合成模型的预处理和后处理。导入相关库的代码如下。

```
    import tensorflow as tf
    from tensorflow_tts.inference import AutoConfig
    from tensorflow_tts.inference import TFAutoModel
    from tensorflow_tts.inference import AutoProcessor
```

（2）装载模型。代码如下。

```
    tacotron2_config= AutoConfig.from_pretrained(os.path.join(module_path,'./
examples/tacotron2/conf/tacotron2.v1.yaml'))
    self.tacotron2 = TFAutoModel.from_pretrained(
    config=tacotron2_config,
    pretrained_path=os.path.join(module_path,"./examples/tacotron2/
checkpoints/model-120000.h5"),
    name="tacotron2"
            )
```

（3）装载 MelGAN 模型。代码如下。

```
    mb_melgan_config = AutoConfig.from_pretrained(os.path.join(module_
path,'./examples/melgan/conf/melgan.v1.yaml'))
    self.mb_melgan = TFAutoModel.from_pretrained(
    config=mb_melgan_config,
    pretrained_path=os.path.join(module_path,"./examples/melgan/checkpoint/
generator-1500000.h5"),
    name="mb_melgan"
            )
```

（4）使用训练的模型进行语音合成。代码如下。

```
    _, mel_outputs, stop_token_prediction, alignment_history = text2mel_
model.inference(
    tf.expand_dims(tf.convert_to_tensor(input_ids, dtype=tf.int32), 0),
    tf.convert_to_tensor([len(input_ids)], tf.int32),
    tf.convert_to_tensor([0], dtype=tf.int32)
            )
    audio = vocoder_model.inference(mel_outputs)[0, :, 0]
```

合成完成后，可以在文件夹中发现 test.wav 文件。如图 7-19 所示。

(C:) › 用户 › Administrator › TensorFlowTTS-0.11 ›

名称	修改日期	类型	大小
codes.txt	2023/1/7 15:23	文本文档	2 KB
docker-compose.yml	2020/11/25 14:18	YML 文件	1 KB
dockerfile	2020/11/25 14:18	文件	1 KB
LICENSE	2020/11/25 14:18	文件	12 KB
README.md	2020/11/25 14:18	MD 文件	21 KB
setup.cfg	2020/11/25 14:18	CFG 文件	1 KB
setup.py	2020/11/25 14:18	PY 文件	4 KB
TensorFlowTTS-0.11.zip	2023/1/10 16:37	WinRAR ZIP 压缩...	2,509,650...
test.wav	2023/1/8 17:50	WAV 文件	1,001 KB

图 7-19　输出合成语音

（5）可以打开数据集中后缀名称为 .wav 的音频文件进行试听，观察与合成语音的音色是否一致，也可以使用程序进行音色提取判断是否属于同一个人。

学习评价

任务评价表

任务名称	任务详情	评价要素	分值	评价主体		
				学生自评	小组互评	教师点评
了解语音合成步骤	熟知语音合成中每一步的意义、关键点	熟知程度	20			
搭建语音合成环境	安装好相关的库、包	是否安装	20			
完成语音合成系统	训练声码器、训练 MelGAN 模型，使用 TensorFlowTTS 和训练好的模型进行语音合成	主观感受	60			

异常流量检测系统

项目导读

网络异常流量检测是一种网络安全技术，用于检测网络中的异常流量，这些异常流量可能是网络攻击者发送的恶意流量，也可能是由于网络故障或配置错误引起的异常流量。异常流量检测技术在网络系统安全方面得到了广泛的应用。在此项目中，将介绍如何实现异常流量检测系统。

知识目标

了解网络异常流量检测的必要性、工作原理、检测步骤；能够搭建网络异常流量检测的环境；理解网络异常流量检测的过程。

能力目标

掌握基于机器学习的网络异常流量检测过程。

素质目标

通过了解不同国家和地区的人工智能技术发展情况，拓展个人的国际视野和跨文化交流能力，培养国际视野和全球化思维。

项目重难点

工作任务	建议学时	重难点	重要程度
任务 8–1　完成异常流量检测系统环境搭建	1	了解异常流量检测	★★☆☆☆
		了解异常流量检测常见技术	★★☆☆☆
		了解异常流量检测过程	★★★☆☆
		完成异常流量监测系统的环境搭建	★★☆☆☆
任务 8–2　实现异常流量检测系统	4	装载数据	★★☆☆☆
		预处理数据	★★★★☆
		设置、训练和推理模型	★★★★☆

任务 8–1　完成异常流量检测系统环境搭建

■ 任务要求

此任务要求读者完成异常流量检测系统相关软件和第三方库的安装，实现异常流量检测系统的环境搭建。

知识准备

1. 异常流量检测

异常流量检测是指通过对网络流量数据进行分析，检测出不符合预期的流量，并确定其是否为恶意流量的过程。异常流量检测的目的是为了识别和防范网络攻击，保护网络安全。异常流量检测是网络安全领域中一个重要的任务，其必要性体现在以下 3 个方面。

（1）防止网络攻击：攻击者会发送大量的异常流量来破坏网络系统，如分布式拒绝服务（distributed denial of service，DDoS）。

（2）保护网络资源：异常流量可能会占用大量的带宽，导致网络速度下降，因此可以检测并阻止这些异常流量。

（3）提高网络系统安全性：异常流量可能含有恶意代码，如病毒和木马，这些代码可能危害网络系统的安全，因此可以帮助识别和防范这些代码。

因此，异常流量检测是保护网络安全的必要步骤，能够提高网络系统的安全性和可靠性。

2. 异常流量检测常见的技术

异常流量检测有以下5种常见技术。

（1）基于规则的异常流量检测是一种简单且有效的方法，主要是通过预定义的规则来识别异常流量。该方法可以快速检测到常见的异常流量，如端口扫描、拒绝服务攻击、僵尸网络攻击等。基于规则的异常流量检测的实现过程主要分为以下步骤。①定义规则：根据常见的异常流量情况，定义识别规则。②数据收集：收集网络中的流量数据。③数据分析：通过读取流量数据，按照规则进行分析。④识别异常流量：根据分析结果，识别出符合规则的异常流量。⑤警告处理：根据识别的异常流量情况，进行警告处理，以防止出现攻击或其他危害。基于规则的异常流量检测具有简单、易于实现等优点，但也存在一些不足，如识别效率低、难以识别新型攻击等。因此，在实际应用中需要结合其他技术提高识别效率。

（2）基于统计学的异常流量检测是一种基于数据分析的异常流量检测技术。它通过对正常网络流量数据的统计分析，建立一组基于流量特征的阈值，从而识别出异常流量。具体来说，它可以使用多种统计学方法，如简单统计学（如平均值、标准差）、概率分布（如高斯分布）和聚类分析等。统计学技术能够帮助我们识别出正常的流量特征，从而更准确地识别出异常流量。当流量被认为是异常时，系统将根据预先定义的策略进行响应，如通过阻止流量或通知管理员。它可以有效地保护网络免受攻击、增强安全性和提高可用性等。但是，统计学方法有一些缺点，如需要大量的正常数据来确定阈值，对于动态变化的网络可能不够灵活，以及当异常流量具有复杂的特征时，可能难以识别。因此，通常需要结合其他技术，如机器学习技术来提高检测精度。

（3）基于机器学习的异常流量检测是一种通过使用机器学习技术来识别异常网络流量的方法。在这种方法中，通过收集大量的网络流量数据并使用机器学习算法对其进行分析，从而识别出异常流量。机器学习算法可以利用历史数据来学习正常流量的特征，并通过与正常流量的比较来识别异常流量。常见的机器学习算法包括决策树、随机森林、支持向量机和神经网络等。基于机器学习的异常流量检测技术具有较高的准确率，并且能够随着数据量的增加而不断提高准确性。它还可以适应动态的网络环境，并能够自动识别新的异常流量类型。然而，基于机器学习的异常流量检测也存在一些缺陷，例如对于数据的预处理要求较高，并且机器学习模型的训练需要较长的时间。此外，在使用机器学习算法进行异常流量检测时，需要注意避免过拟合和其他误判现象。

（4）基于流量指纹的异常流量检测通过对流量的指纹进行识别，识别出异常的流量。流量指纹是指网络中流量的特征，比如数据包大小、时间间隔、协议类型等。通过学习和记录正常流量的指纹，系统可以识别出与正常流量不同的异常流量。该技术通常使用机器学习算法，如决策树、随机森林和神经网络等来训练模型。模型学习到的流量指纹特征可以用于实时识别异常流量，并对其进行阻断或限制。与基于规则的技术相比，该技术具有更高的灵活性和准确性，因为它可以通过学习和记录正常流量的指纹来适应网络环境的变化，但同时也需要较多的训练数据和计算资源。

（5）基于混合技术的异常流量检测是一种融合多种技术的异常流量检测方法，其目的是利用多种技术的优势，克服各种技术的不足，提高检测精度。这种方法通常通过融合多种技术的结果来提高异常流量检测的精度，如结合基于规则的技术和基于统计学的技术的结果，或结合基于机器学习的技术和基于流量指纹的技术的结果。这种方法在处理复杂、高维的异常流量时特别有效。

任务实施

步骤 1　了解相关软件和库。

本任务使用到的软件和库有 TensorFlow-GPU、Pandas、NumPy 和 Scikit-learn，具体版本信息如表 8-1 所示。这些库的安装方式在之前项目中已经介绍过，这里将不重复介绍。

表 8-1　实验环境

项　目	版　本
操作系统	Windows 10 64 位专业版
开发语言	Python 3.6.13
TensorFlow-GPU	2.6.0
Pandas	1.1.5
NumPy	1.19.5
scikit-learn	0.24.2

步骤 2　检查环境是否搭建成功。

使用如下命令检查环境是否搭建成功，如果显示的结果已经包含了表 8-1 中对应版本的库，说明环境搭建成功。

```
pip list
```

任务 8-2　实现异常流量检测系统

任务要求

本任务要求读者完成异常流量检测数据的预处理，检测模型的设计、训练、测试和调优。

知识准备

本任务中使用的 NSL-KDD（national space language-KDD）数据集是用于网络入侵检测研究的常用数据集之一。它是 KDD Cup 1999 数据集（一种常用于网络入侵检测研究的数据集）经过处理和改进得到的。NSL-KDD 数据集主要用于评估和比较网络入侵检测算法的性能。该数据集包含了包括正常流量和多种类型的网络入侵流量在内的网络通信数据。这些网络入侵流量包括了常见的攻击类型，如拒绝服务（denial of service，DoS）、远程登录攻击（remote to local，R2L）、用户对系统的未经授权访问（unauthorized access to root，U2R）和探测攻击（Probing）等。相较于 KDD Cup 1999 数据集，NSL-KDD 数据集进行了改进，包括对数据进行了重新采样，减少了不平衡性，移除了重复和冗余的记录，并添加了一些新的网络入侵流量。这使得 NSL-KDD 数据集更加适合于评估网络入侵检测算法的性能。

任务实施

NSL-KDD 数据集特征

步骤 1　读取数据。

（1）使用 Pandas 中 read_csv 函数读取训练集和测试集，代码如下。

```
import Pandas as pd
import numpy as np
import sys
import sklearn
import io
import random

train = 'NSL_KDD_Train.csv'
test = 'NSL_KDD_Test.csv'

col_names = ["duration","protocol_type","service","flag","src_bytes",
     "dst_bytes","land","wrong_fragment","urgent","hot","num_failed_logins",
     "logged_in","num_compromised","root_shell","su_attempted","num_
root",
     "num_file_creations","num_shells","num_access_files","num_outbound_
cmds",
     "is_host_login","is_guest_login","count","srv_count","serror_rate",
     "srv_serror_rate","rerror_rate","srv_rerror_rate","same_srv_rate",
     "diff_srv_rate","srv_diff_host_rate","dst_host_count","dst_host_srv_
count",
     "dst_host_same_srv_rate","dst_host_diff_srv_rate","dst_host_same_
src_port_rate",
     "dst_host_srv_diff_host_rate","dst_host_serror_rate","dst_host_srv_
serror_rate",
     "dst_host_rerror_rate","dst_host_srv_rerror_rate","label"]
```

```
train = pd.read_csv(train,header=None, names = col_names)
test = pd.read_csv(test, header=None, names = col_names)

print(' 训练集的维度是 :',train.shape)
print(' 测试集的维度是 :',test.shape)
```

输出结果如下。

```
训练集的维度是 : (125973, 42)
测试集的维度是 : (22544, 42)
```

(2)显示训练集的前5行数据，代码如下。

```
train.head(5)
```

输出结果如图8-1所示。

dst_host_serror_rate	dst_host_srv_serror_rate	dst_host_rerror_rate	dst_host_srv_rerror_rate	label
0.00	0.00	0.05	0.00	normal
0.00	0.00	0.00	0.00	normal
1.00	1.00	0.00	0.00	neptune
0.03	0.01	0.00	0.01	normal
0.00	0.00	0.00	0.00	normal

图8-1　显示训练集的前5行数据

(3)显示数据信息，代码如下。

```
train.info()
```

输出结果如下。

```
<class 'Pandas.core.frame.DataFrame'>
RangeIndex: 125973 entries, 0 to 125972
Data columns (total 42 columns):
 #   Column                      Non-Null Count   Dtype
---  ------                      --------------   -----
 0   duration                    125973 non-null  int64
 1   protocol_type               125973 non-null  object
 2   service                     125973 non-null  object
 3   flag                        125973 non-null  object
 4   src_bytes                   125973 non-null  int64
 5   dst_bytes                   125973 non-null  int64
 6   land                        125973 non-null  int64
 7   wrong_fragment              125973 non-null  int64
 8   urgent                      125973 non-null  int64
 9   hot                         125973 non-null  int64
 10  num_failed_logins           125973 non-null  int64
 11  logged_in                   125973 non-null  int64
 12  num_compromised             125973 non-null  int64
 13  root_shell                  125973 non-null  int64
```

```
 14  su_attempted                  125973 non-null  int64
 15  num_root                      125973 non-null  int64
 16  num_file_creations            125973 non-null  int64
 17  num_shells                    125973 non-null  int64
 18  num_access_files              125973 non-null  int64
 19  num_outbound_cmds             125973 non-null  int64
 20  is_host_login                 125973 non-null  int64
 21  is_guest_login                125973 non-null  int64
 22  count                         125973 non-null  int64
 23  srv_count                     125973 non-null  int64
 24  serror_rate                   125973 non-null  float64
 25  srv_serror_rate               125973 non-null  float64
 26  rerror_rate                   125973 non-null  float64
 27  srv_rerror_rate               125973 non-null  float64
 28  same_srv_rate                 125973 non-null  float64
 29  diff_srv_rate                 125973 non-null  float64
 30  srv_diff_host_rate            125973 non-null  float64
 31  dst_host_count                125973 non-null  int64
 32  dst_host_srv_count            125973 non-null  int64
 33  dst_host_same_srv_rate        125973 non-null  float64
 34  dst_host_diff_srv_rate        125973 non-null  float64
 35  dst_host_same_src_port_rate   125973 non-null  float64
 36  dst_host_srv_diff_host_rate   125973 non-null  float64
 37  dst_host_serror_rate          125973 non-null  float64
 38  dst_host_srv_serror_rate      125973 non-null  float64
 39  dst_host_rerror_rate          125973 non-null  float64
 40  dst_host_srv_rerror_rate      125973 non-null  float64
 41  label                         125973 non-null  object
dtypes: float64(15), int64(23), object(4)
memory usage: 40.4+ MB
```

（4）查看数据描述信息，代码如下。

```
train.describe()
```

输出结果如图 8-2 所示。

	duration	src_bytes	dst_bytes	land	wrong_fragment	urgent
count	125973.00000	1.259730e+05	1.259730e+05	125973.000000	125973.000000	125973.000000
mean	287.14465	4.556674e+04	1.977911e+04	0.000198	0.022687	0.000111
std	2604.51531	5.870331e+06	4.021269e+06	0.014086	0.253530	0.014366
min	0.00000	0.000000e+00	0.000000e+00	0.000000	0.000000	0.000000
25%	0.00000	0.000000e+00	0.000000e+00	0.000000	0.000000	0.000000
50%	0.00000	4.400000e+01	0.000000e+00	0.000000	0.000000	0.000000
75%	0.00000	2.760000e+02	5.160000e+02	0.000000	0.000000	0.000000
max	42908.00000	1.379964e+09	1.309937e+09	1.000000	3.000000	3.000000

8 rows × 38 columns

图 8-2　数据描述信息

（5）查看数据列方向具有不同观测值数量的系列。代码如下。

```
train.nunique()
```

输出结果如下。

```
duration                       2981
protocol_type                     3
service                          70
flag                             11
src_bytes                      3341
dst_bytes                      9326
land                              2
wrong_fragment                    3
urgent                            4
hot                              28
num_failed_logins                 6
logged_in                         2
num_compromised                  88
root_shell                        2
su_attempted                      3
num_root                         82
num_file_creations               35
num_shells                        3
num_access_files                 10
num_outbound_cmds                 1
is_host_login                     2
is_guest_login                    2
count                           512
srv_count                       509
serror_rate                      89
srv_serror_rate                  86
rerror_rate                      82
srv_rerror_rate                  62
same_srv_rate                   101
diff_srv_rate                    95
srv_diff_host_rate               60
dst_host_count                  256
dst_host_srv_count              256
dst_host_same_srv_rate          101
dst_host_diff_srv_rate          101
dst_host_same_src_port_rate     101
dst_host_srv_diff_host_rate      75
dst_host_serror_rate            101
dst_host_srv_serror_rate        100
dst_host_rerror_rate            101
dst_host_srv_rerror_rate        101
label                            23
dtype: int64
```

（6）查看是否存在数据丢失，代码如下。

```
print('检测数据是否丢失：')
train.isnull().sum()
```

输出结果如下。

```
检测数据是否丢失：
Out[1]:
duration                        0
protocol_type                   0
service                         0
flag                            0
src_bytes                       0
dst_bytes                       0
land                            0
wrong_fragment                  0
urgent                          0
hot                             0
num_failed_logins               0
logged_in                       0
num_compromised                 0
root_shell                      0
su_attempted                    0
num_root                        0
num_file_creations              0
num_shells                      0
num_access_files                0
num_outbound_cmds               0
is_host_login                   0
is_guest_login                  0
count                           0
srv_count                       0
serror_rate                     0
srv_serror_rate                 0
rerror_rate                     0
srv_rerror_rate                 0
same_srv_rate                   0
diff_srv_rate                   0
srv_diff_host_rate              0
dst_host_count                  0
dst_host_srv_count              0
dst_host_same_srv_rate          0
dst_host_diff_srv_rate          0
dst_host_same_src_port_rate     0
dst_host_srv_diff_host_rate     0
dst_host_serror_rate            0
dst_host_srv_serror_rate        0
dst_host_rerror_rate            0
```

```
dst_host_srv_rerror_rate        0
label                           0
dtype: int64
```

（7）查看训练集中 label 列中不重复元素的集合，代码如下。

```
Results = set(train['label'].values)
print(Results,end=" ")
```

输出结果如下。

```
{'ftp_write', 'loadmodule', 'teardrop', 'spy', 'back', 'warezclient', 'perl', 'buffer_overflow', 'guess_passwd', 'warezmaster', 'multihop', 'normal', 'phf', 'rootkit', 'smurf', 'portsweep', 'land', 'nmap', 'imap', 'neptune', 'ipsweep', 'pod', 'satan'}
```

（8）显示数据统计信息，代码如下。

```
import matplotlib.pyplot as plt
import seaborn as sns
plt.rcParams["font.sans-serif"]=["SimHei"]
plt.rcParams["axes.unicode_minus"]=False
plt.figure(figsize=(12,6))
sns.countplot(train['label'])
plt.xticks(rotation = 45)
plt.xlabel("标签")
plt.ylabel("频率")
plt.show()
```

输出结果如图 8-3 所示。

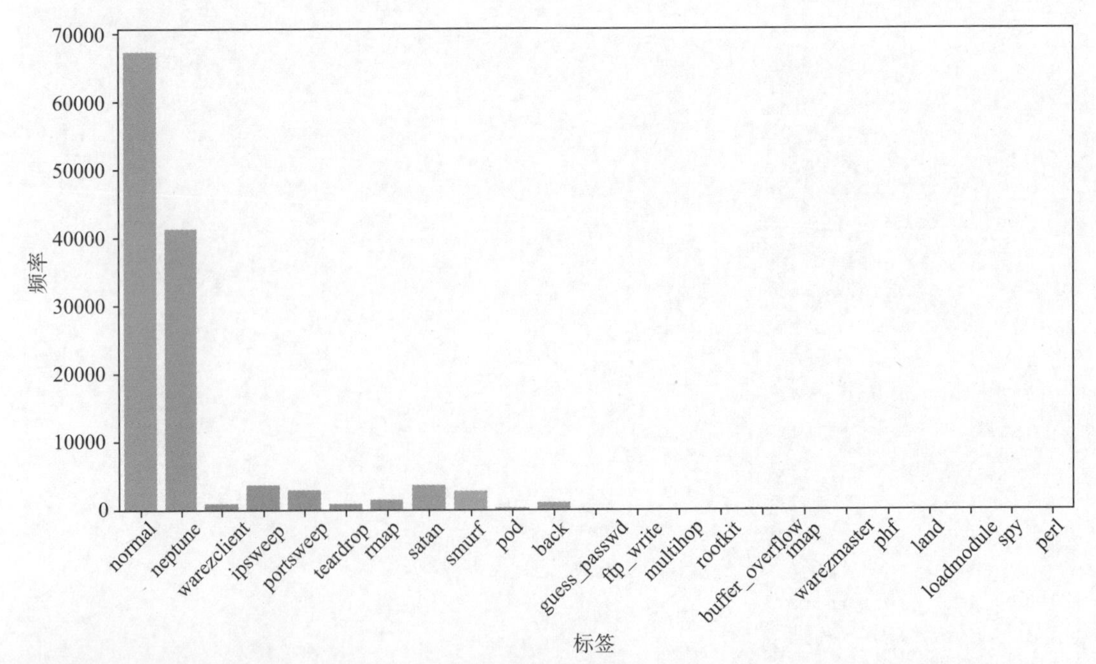

图 8-3　流量类型

（9）查看训练集数据分布情况，代码如下。

```
print('训练集数据分布：')
print(train['label'].value_counts())
```

输出结果如下。

```
训练集数据分布：
normal              67343
neptune             41214
satan                3633
ipsweep              3599
portsweep            2931
smurf                2646
nmap                 1493
back                  956
teardrop              892
warezclient           890
pod                   201
guess_passwd           53
buffer_overflow        30
warezmaster            20
land                   18
imap                   11
rootkit                10
loadmodule              9
ftp_write               8
multihop                7
phf                     4
perl                    3
spy                     2
Name: label, dtype: int64
```

（10）查看测试集数据分布情况，代码如下。

```
print('测试集数据分布：')
print(test['label'].value_counts())
```

输出结果如下。

```
测试集数据分布：
normal              9711
neptune             4657
guess_passwd        1231
mscan                996
warezmaster          944
apache2              737
satan                735
```

```
processtable         685
smurf                665
back                 359
snmpguess            331
saint                319
mailbomb             293
snmpgetattack        178
portsweep            157
ipsweep              141
httptunnel           133
nmap                  73
pod                   41
buffer_overflow       20
multihop              18
named                 17
ps                    15
sendmail              14
rootkit               13
xterm                 13
teardrop              12
xlock                  9
land                   7
xsnoop                 4
ftp_write              3
phf                    2
sqlattack              2
udpstorm               2
worm                   2
perl                   2
loadmodule             2
imap                   1
Name: label, dtype: int64
```

步骤 2　预处理数据。

在步骤 1 中，protocol_type、service、flag 和 label 列中的特征是 object 类型，并不是数据类型，object 类型不能直接用于数据的分类、聚类等处理。为此，需要多数据进行变换，在这里使用独热编码（one hot endcoding）使特征进行数字化处理。独热编码是一种用于表示多类别分类问题中类别标签的编码方式，将每个类别表示为一个长度等于类别数量的向量，向量中只有一个元素为 1，其余元素为 0，该元素的位置对应类别标签。

（1）查看训练集中 protocol_type、service、flag 和 label 列数据分布情况。代码如下。

```
print('训练集：')
for col_name in train.columns:
    if train[col_name].dtypes == 'object' :
```

```
            unique_cat = len(train[col_name].unique())
                print("特征 '{col_name}' has {unique_cat} 个类别".format(col_name=col_name, unique_cat=unique_cat))

    print()
    print('服务类别分布:')
    print(train['service'].value_counts().sort_values(ascending=False).head())
```

输出结果如下。

```
训练集:
特征 'protocol_type' has 3 个类别
特征 'service' has 70 个类别
特征 'flag' has 11 个类别
特征 'label' has 23 个类别

服务类别分布:
http         40338
private      21853
domain_u      9043
smtp          7313
ftp_data      6860
Name: service, dtype: int64
```

(2)查看测试集中 protocol_type、service、flag 和 label 列数据分布情况，代码如下。

```
print('测试集:')
for col_name in test.columns:
    if test[col_name].dtypes == 'object' :
        unique_cat = len(test[col_name].unique())
            print("特征 '{col_name}' has {unique_cat} 个类别".format(col_name=col_name, unique_cat=unique_cat))
```

输出结果如下。

```
测试集:
特征 'protocol_type' has 3 个类别
特征 'service' has 64 个类别
特征 'flag' has 11 个类别
特征 'label' has 38 个类别
```

(3)使用 concat 函数将训练集和测试集数据合并，代码如下。

```
df = pd.concat([train, test])
df
```

输出结果如图 8-4 所示。

dst_host_srv_diff_host_rate	dst_host_serror_rate	dst_host_srv_serror_rate	dst_host_rerror_rate	dst_host_srv_rerror_rate	label
0.00	0.00	0.00	0.05	0.00	normal
0.00	0.00	0.00	0.00	0.00	normal
0.00	1.00	1.00	0.00	0.00	neptune
0.04	0.03	0.01	0.00	0.01	normal
0.00	0.00	0.00	0.00	0.00	normal
...	...	...	...	...	...
0.01	0.01	0.00	0.00	0.00	normal
0.01	0.01	0.00	0.00	0.00	normal
0.00	0.00	0.00	0.07	0.07	back
0.00	0.00	0.00	0.00	0.00	normal
0.00	0.00	0.00	0.44	1.00	mscan

图 8-4　合成后流量

（4）使用 replace 函数对 label 中的数据进行归类，代码如下。

```
df.replace(['back','neptune','smurf','teardrop','land','pod','apache2',
'udpstorm','mailbomb','processtable'],'Dos',inplace=True)
df.replace(['warezmaster','ftp_write','guess_passwd','imap','multihop',
'phf','spy','warezclient','sendmail','named','snmpgetattack','snmpguess',
'xlock','xsnoop'],'R2L',inplace=True)
df.replace(['satan','portsweep','ipsweep','nmap','mscan','saint'],'Probe',
inplace=True)
df.replace(['rootkit','buffer_overflow','loadmodule','perl','httptunnel',
'ps','sqlattack','xterm'],'U2R',inplace=True)
```

输出结果如图 8-5 所示。

dst_host_srv_diff_host_rate	dst_host_serror_rate	dst_host_srv_serror_rate	dst_host_rerror_rate	dst_host_srv_rerror_rate	label
0.00	0.00	0.00	0.05	0.00	normal
0.00	0.00	0.00	0.00	0.00	normal
0.00	1.00	1.00	0.00	0.00	Dos
0.04	0.03	0.01	0.00	0.01	normal
0.00	0.00	0.00	0.00	0.00	normal
...	...	...	...	...	...
0.01	0.01	0.00	0.00	0.00	normal
0.01	0.01	0.00	0.00	0.00	normal
0.00	0.00	0.00	0.07	0.07	Dos
0.00	0.00	0.00	0.00	0.00	normal
0.00	0.00	0.00	0.44	1.00	Probe

图 8-5　归类后流量

（5）查看 df 中 label 的类别，发现替换后之还有 5 个类别，代码如下。

```
print(df['label'].value_counts())
```

输出结果如下。

```
normal    77054
DoS       53387
```

```
Probe      14077
R2L         3747
U2R          252
Name: label, dtype: int64
```

（6）使用独热编码对 protocol_type、service 和 flag 列进行编码，代码如下。

```
cols = ['protocol_type','service','flag']
#one-hot encoding
def one_hot(df, cols):
    for each in cols:
        dummies = pd.get_dummies(df[each], prefix=each, drop_first=False)
        df = pd.concat([df, dummies], axis=1)
        df = df.drop(each, , axis=1)
return df

y = df['label']
combined = one_hot(df,cols)
combined.tail()
```

输出结果如图 8-6 所示。

flag_RSTO	flag_RSTOS0	flag_RSTR	flag_S0	flag_S1	flag_S2	flag_S3	flag_SF	flag_SH
0	0	0	0	0	0	0	1	0
0	0	0	0	0	0	0	1	0
0	0	0	0	0	0	0	1	0
0	0	0	0	0	0	0	1	0
0	0	0	0	0	0	0	0	0

图 8-6　独热编码

（7）使用 StandardScaler 函数进行数据归一化，代码如下。

```
from sklearn import preprocessing
X = combined.drop('label', , axis=1)
scaler = preprocessing.StandardScaler().fit(X)
X=scaler.transform(X)
X[1,1:10]
```

输出结果如下。

```
array([-0.00740942, -0.00461423, -0.01468026, -0.08548778, -0.0104031 ,
       -0.09407084, -0.05983194, -0.82124893, -0.01147309])
```

（8）复制数据用于 SVM 分类，代码如下。

```
X_copy = X
y_copy = y
```

（9）对 label 进行二值化编码，用于神经网络分类的目标值，代码如下。

```
from sklearn.preprocessing import LabelBinarizer
y = LabelBinarizer().fit_transform(y)
```

（10）使用 train_test_split 函数进行数据集划分，代码如下。

```
from sklearn.model_selection import train_test_split
X_train, X_test, y_train, y_test = train_test_split(X, y, test_size=0.6)
```

（11）使用 reshape 函数进行数据维度变化，代码如下。

```
X_train = np.reshape(X_train, (X_train.shape[0], X_train.shape[1], 1))
X_train.shape
X_test = np.reshape(X_test, (X_test.shape[0], X_test.shape[1], 1))
X_test.shape
```

输出结果如下。

```
(59406, 122, 1)
(89111, 122, 1)
```

步骤 3　设置、训练和推理模型。

1. 基于 1DCNN 的异常流量检测

（1）先使用神经网络进行模型的训练，在训练之前需要导入神经网络相关的库。代码如下。

```
import tensorflow as tf
from tensorflow.keras.utils import to_categorical
from keras.layers import Dense, Conv1D, MaxPool1D, Flatten, Dropout
from keras.models import Sequential
from keras.layers import Input
from keras.models import Model
from keras.utils.vis_utils import plot_model
```

（2）然后定义网络模型。构建一个带有三个卷积层的一维 CNN，每个卷积层都跟随一个最大池化层和一个 dropout 层以防止过拟合。然后，该模型将输出展平，并添加两个全连接（dense）层，最终的输出层使用 softmax 激活函数进行多类分类。第一个卷积层有 32 个滤波器，内核大小为 3，使用 same 填充以保持输入大小，并使用 ReLU 激活函数。具有 4 个池大小的最大池化层将特征映射的空间大小减小到原来的 1/4。dropout 层随机将 20% 的输入单元设置为 0，以防止过拟合。第二和第三个卷积层及其相应的最大池化和 dropout 层的结构与第一个卷积层相同。在卷积层之后，Flatten 层将输出转换为一维数组。第一个 dense 层具有 50 个单元和 ReLU 激活函数。最终输出层的单元数等于数据集中的类别数，并使用 softmax 激活函数生成类别概率。代码如下。

```
model = Sequential()
model.add(Conv1D(32, 3, padding="same",input_shape = (X_train.shape[1], 1), activation='relu'))
model.add(MaxPool1D(pool_size=(4)))
```

```
model.add(Dropout(0.2))
model.add(Conv1D(32, 3, padding="same", activation='relu'))
model.add(MaxPool1D(pool_size=(4)))
model.add(Dropout(0.2))
model.add(Conv1D(32, 3, padding="same", activation='relu'))
model.add(MaxPool1D(pool_size=(4)))
model.add(Dropout(0.2))
model.add(Flatten())
model.add(Dense(units=50))
model.add(Dense(units=y_train.shape[1],activation='softmax'))
```

（3）编译模型，代码如下。

```
model.compile(loss='categorical_crossentropy', optimizer='adam',
metrics=['accuracy'])
```

（4）输出模型信息，代码如下。

```
model.summary()
```

输出结果如下。

```
Model: "sequential"
_________________________________________________________________
Layer (type)                 Output Shape              Param #
=================================================================
conv1d (Conv1D)              (None, 122, 32)           128
_________________________________________________________________
max_pooling1d (MaxPooling1D) (None, 30, 32)            0
_________________________________________________________________
dropout (Dropout)            (None, 30, 32)            0
_________________________________________________________________
conv1d_1 (Conv1D)            (None, 30, 32)            3104
_________________________________________________________________
max_pooling1d_1 (MaxPooling1 (None, 7, 32)             0
_________________________________________________________________
dropout_1 (Dropout)          (None, 7, 32)             0
_________________________________________________________________
conv1d_2 (Conv1D)            (None, 7, 32)             3104
_________________________________________________________________
max_pooling1d_2 (MaxPooling1 (None, 1, 32)             0
_________________________________________________________________
dropout_2 (Dropout)          (None, 1, 32)             0
_________________________________________________________________
flatten (Flatten)            (None, 32)                0
_________________________________________________________________
dense (Dense)                (None, 50)                1650
_________________________________________________________________
dense_1 (Dense)              (None, 5)                 255
=================================================================
```

```
Total params: 8,241
Trainable params: 8,241
Non-trainable params: 0
```

（5）训练模型，代码如下。

```
history = model.fit(X_train, y_train, epochs=100, batch_size=5000,
validation_split=0.2)
```

输出结果如下。

```
Epoch 1/100
10/10 [==============================] - 3s 224ms/step - loss: 1.6214 -
accuracy: 0.3358 - val_loss: 1.2902 - val_accuracy: 0.3652
Epoch 2/100
10/10 [==============================] - 2s 210ms/step - loss: 1.2463 -
accuracy: 0.4384 - val_loss: 1.1376 - val_accuracy: 0.6348
Epoch 3/100
10/10 [==============================] - 2s 206ms/step - loss: 1.1366 -
accuracy: 0.5788 - val_loss: 1.0419 - val_accuracy: 0.7298
=====================================================================
Epoch 98/100
10/10 [==============================] - 2s 213ms/step - loss: 0.1510 -
accuracy: 0.9499 - val_loss: 0.0978 - val_accuracy: 0.9661
Epoch 99/100
10/10 [==============================] - 2s 220ms/step - loss: 0.1491 -
accuracy: 0.9488 - val_loss: 0.0968 - val_accuracy: 0.9668
Epoch 100/100
10/10 [==============================] - 2s 221ms/step - loss: 0.1474 -
accuracy: 0.9492 - val_loss: 0.0982 - val_accuracy: 0.9663
```

（6）训练推理，代码如下。

```
test_results = model.evaluate(X_test, y_test, verbose=1)
print(f'Test results - Loss: {test_results[0]} - Accuracy: {test_results
[1]*100}%')
```

输出结果如下。

```
2785/2785 [==============================] - 3s 1ms/step - loss: 0.1008
- accuracy: 0.9631
Test results - Loss: 0.10081437975168228 - Accuracy: 96.3135838508606%
```

（7）显示每轮训练模型在测试集和训练集上的准确率，代码如下。

```
plt.plot(history.history['accuracy'])
plt.plot(history.history['val_accuracy'])
plt.rcParams["font.sans-serif"]=["SimHei"]
plt.rcParams["axes.unicode_minus"]=False
plt.legend([' 训练集 ', ' 验证集 '], loc='upper left')
```

```
plt.ylabel('准确率')
plt.xlabel('轮次')
plt.show()
```

输出结果如图 8-7 所示。

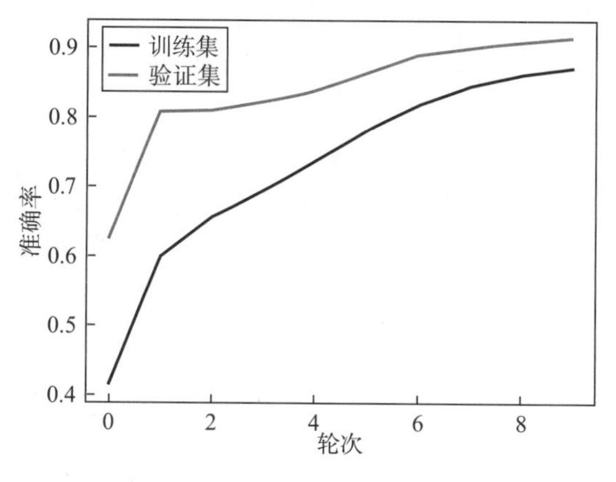

图 8-7 训练集和验证集的准确率

（8）显示每轮训练模型在测试集和训练集上的损失，代码如下。

```
plt.plot(history.history['loss'])
plt.plot(history.history['val_loss'])
plt.ylabel('损失')
plt.xlabel('轮次')
plt.legend(['训练集', '验证集'], loc='upper right')
plt.show()
```

输出结果如图 8-8 所示。

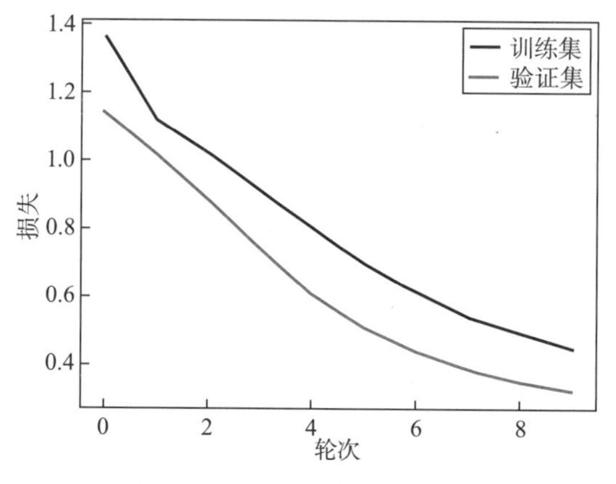

图 8-8 训练集和验证集的损失

2. 基于 SVM 的异常流量检测

（1）因为 label 中存放的是类型名称，不能用于分类，因此需要将类型名称变成数字，可以使用 LabelEncoder 函数来实现。在转变之前，先显示 y_copy 中的数据，代码如下。

```
y_copy
```

输出结果如下。

```
0        normal
1        normal
2           Dos
3        normal
4        normal
          ...
22539    normal
22540    normal
22541       Dos
22542    normal
22543     Probe
Name: label, Length: 148517, dtype: object
```

（2）然后使用 LabelEncoder 函数进行标签变换，代码如下。

```
from sklearn.preprocessing import LabelEncoder
le = LabelEncoder()
y_copy = le.fit_transform(y_copy)
```

输出结果如下。

```
array([4, 4, 0, ..., 0, 4, 1])
```

（3）接下来进行数据集划分，代码如下。

```
from sklearn.model_selection import train_test_split
X_train, X_test, y_train, y_test = train_test_split(X_copy, y_copy,
test_size=0.95)
```

（4）接下来选择 SVM 进行模型初始化、训练、测试，代码如下。

```
from sklearn.svm import SVC
svc = SVC(kernel='rbf', C = 0.01, gamma = 0.1)
svc.fit(X_train , y_train)
svc.score(X_train, y_train)
y_pred = svc.predict(X_test)
```

（5）接下来输出量化结果，代码如下。

```
from sklearn import metrics
print(' {} 模型正确率是 = {}\n'.format('SVM', np.round(metrics.accuracy_
score(y_test,y_pred),3)))
print('混淆矩阵是：')
print(metrics.confusion_matrix(y_test, y_pred))
from sklearn.metrics import classification_report
print('分类报告是：')
print(classification_report(y_test,y_pred))
```

输出结果如下。

```
SVM 模型正确率是 = 0.805
混淆矩阵是：
[[49410     0     0     0  1338     0]
 [ 9948  3388     0     0     6     0]
 [ 2341     0     0     0  1211     0]
 [  221     0     0     0    16     0]
 [12453     0     0     0 60759     0]
 [    1     0     0     0     0     0]]
分类报告是：
              precision    recall  f1-score   support

           0       0.66      0.97      0.79     50748
           1       1.00      0.25      0.41     13342
           2       0.00      0.00      0.00      3552
           3       0.00      0.00      0.00       237
           4       0.96      0.83      0.89     73212
           5       0.00      0.00      0.00         1

    accuracy                           0.80    141092
   macro avg       0.44      0.34      0.35    141092
weighted avg       0.83      0.80      0.78    141092
```

学习评价

任务评价表

任务名称	任务详情	评价要素	分值	评价主体		
				学生自评	小组互评	教师点评
了解异常流量检测步骤	熟知异常流量检测中每一步的意义、关键点	熟知程度	10			
搭建异常流量检测环境	安装好相关的库、包	熟知程度	20			
预处理数据	进行预处理数据，使其能够直接用于模型的训练	是否完成	20			
完成异常流量检测系统	使用分类模型来完成异常流量检测系统	准确率	40			

文本情感分析系统

项目导读

文本情感分析是指利用自然语言处理技术和机器学习算法来识别文本中表达的情感，可以帮助人们了解文本作者或读者对特定主题的态度、感受或倾向。它的应用场景非常广泛，例如商品评论分析、大众舆论分析和产品的比较分析等。本项目将会介绍如何使用机器学习的方法实现文本情感分析系统。

知识目标

了解网络文本情感分析的原理、常见的技术、分析的步骤；能够搭建网络文本情感分析的环境；理解文本情感分析的过程。

能力目标

掌握基于机器学习的文本情感分析过程。

素质目标

具备实践操作的技能。在实践过程中，不断完善自己的实践操作技能，培养知行合一的能力，促进知识应用和实践创新。

项目重难点

工作任务	建议学时	重难点	重要程度
任务 9–1 完成文本情感分析系统的环境搭建	1	了解文本情感分析	★☆☆☆☆
		了解文本情感分析常见技术	★☆☆☆☆
		了解文本情感分析过程	★★☆☆☆
		完成文本情感分析数据准备和环境搭建	★★☆☆☆
任务 9–2 完成文本情感分析系统	5	装载数据	★★☆☆☆
		预处理数据	★★★☆☆
		查看、清洗停用词	★★★★☆

任务 9–1 完成文本情感分析系统的环境搭建

算法如何理解文本

任务要求

本任务要求读者完成文本情感分析系统相关的软件和第三方库的安装，实现文本情感分析系统的环境搭建。

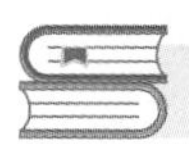

知识准备

1. 文本情感分析

文本情感分析的原理是对文本数据进行自然语言处理，提取特征信息，并使用机器学习技术对情感信息进行分类。这一过程要求对文本数据进行词法分析、语法分析和句法分析，以提取关键信息和结构信息。最后使用分类模型，将文本数据归类为褒或贬、正或负、消极或积极等情感类型。

文本情感分析是计算机自然语言处理的一个分支，主要用于识别文本中的情感倾向性，应用在以下领域。

（1）市场营销：帮助企业了解客户对其产品和服务的评价，从而提高市场营销效果。

（2）社交媒体分析：通过分析社交媒体上的评论和意见，了解公众对于某个话题的看法。

（3）客户服务：通过分析客户对公司的评价，改进客户服务。

（4）商业智能：通过分析数据，了解客户的需求和偏好。

（5）医疗信息：通过分析病人的评价，了解医生和医院的表现。

2. 文本情感分析常见技术

文本情感分析主流技术主要分为以下两类。

（1）基于规则的文本情感分析技术是指基于一系列语言学和语法规则，通过对文本中的词汇和句法进行分析来识别情感。它使用许多规则，例如词汇表、情感词典和语法规则来识别文本中的情感信息。首先，分析算法通过扫描文本并将单词映射到情感词典中，以确定每个单词的情感评分。其次，利用语法规则识别文本中的短语和句子，并对这些短语和句子进行情感分析。最后，将所有情感评分相加以确定整个文本的情感得分。虽然基于规则的文本情感分析受到语言学和人工制定规则的影响，通常具有较高的精确度和可靠性，但是，它们也可能受到语言的复杂性和语言不断变化的影响，导致出现误判的情况。因此，基于规则的文本情感分析需要不断进行调整和改进以适应语言的变化。

（2）基于词典的技术也是一种基于规则的文本情感分析方法，通过将文本中的词与情感词典中的词进行匹配，确定文本中的情感极性（正面、负面或中性）。这种方法在建立情感词典的工作上需要大量的人工标注，以确定每个词的情感极性。当文本中的词与情感词典中的词匹配时，它们的情感极性值将被累加，最后的情感极性值将决定该文本的情感极性。这种方法的优点在于简单易用，可以通过简单的编程实现；缺点是由于词典的建立需要大量的人工标注，而且词典可能不完整，会导致误判。因此，基于词典的技术并不是最为准确的文本情感分析方法。

基于机器学习的文本情感分析是一种使用机器学习算法来识别文本情感的技术。该技术的核心思想是通过对大量带有情感标签的文本进行训练，学习文本情感与词汇、语法等的关系。训练完成后，模型可以对新的文本进行情感分析。基于机器学习的文本情感分析常使用的算法包括逻辑回归、支持向量机、决策树、随机森林等，这些算法的具体选择取决于具体应用场景和评估指标。在实际应用中，文本情感分析常需要考虑词汇、语法、文本长度等因素，并使用特定的预处理步骤（如词干提取和词性标注）来提高分析的准确性。基于机器学习的文本情感分析技术在自然语言处理、社交媒体分析、客户服务、市场调研等领域得到了广泛应用。

任务实施

步骤 1　了解相关软件和库。

在此系统中，用到的库有 TensorFlow、Pandas、NumPy、Lime、NLTK（natural language toolkit）等。具体版本信息如表 9-1 所示。

表 9-1 实验环境

项　　目	版　　本
操作系统	Windows 10 64 位专业版
开发语言	Python 3.6.13
TensorFlow	2.6.0
Pandas	1.1.5
NumPy	1.19.5
scikit-learn	0.24.2
Lime	0.2.0.0
Keras	2.6.0
Seaborn	0.11.2
NLTK	3.6.7

步骤 2　安装 Lime。

Lime 库是用于解释模型预测结果的 Python 库，可以帮助理解模型在不同输入上的预测结果。使用如下命令。

```
pip install lime==0.2.0.0
```

步骤 3　安装 NLTK。

NLTK 是一个被广泛使用的 Python 库，用于自然语言处理（natural language processing，NLP）和文本分析。它提供了许多用于文本预处理、分词、标记化、词性标注、语法分析、语义分析、机器翻译、文本分类等任务的函数和工具。NLTK 支持大量的自然语言语料库和词典，如 WordNet 和 Penn Treebank。NLTK 还提供了用于文本可视化和交互式文本处理的函数和工具。由于其丰富的功能和易用性，NLTK 已成为 NLP 领域的重要工具之一。安装命令如下。

```
pip install nltk==3.6.7
```

步骤 4　检查环境是否搭建成功。

检查环境是否搭建成功使用如下命令。

```
pip list
```

任务 9-2　完成文本情感分析系统

■ 任务要求

本任务要求读者完成文本情感分析系统数据的预处理，分析模型的设计、训练、测试和调优。

知识准备

本任务使用的数据集为 CARER，它是一个用于情感识别的数据集，包含了一系列情感标注的文本样本，用于训练和评估情感识别模型。CARER 数据集的特点在于，每个文本样本都包含了上下文信息，即情感标注的文本样本在一个语境中出现。这种上下文信息可以帮助情感识别模型更好地理解情感表达的语境，从而提高情感识别的准确性和鲁棒性。CARER 数据集涵盖了 6 种情感类别，如 surprise、sadness、anger、joy、fear、love 等，并包含了不同情感强度和情感极性的文本样本。CARER 数据集适用于多样化的情感识别任务，包括情感分类、情感强度预测等。可以推动情感识别领域的发展，并应用于情感分析、社交媒体挖掘、情感智能等多个领域。数据集的格式为 .csv 文件，.csv 文件中每行对应一个数据，每行分为两列：text 和 label，其中 text 表示字符串特征，label 表示一个分类标识，标识共有六种：sadness (0)，joy (1)，love (2)，anger (3)，fear (4)，surprise (5)。

任务实施

步骤 1　读取数据。

（1）使用 read_csv 函数读取训练集、验证集和测试集，代码如下。

```
import Pandas as pd
X_train = pd.read_csv('train.txt', names=['Text', 'Emotion'], sep=';')
X_val = pd.read_csv('val.txt', names=['Text', 'Emotion'], sep=';')
X_test = pd.read_csv('test.txt', names=['Text', 'Emotion'], sep=';')
```

（2）显示训练集数据的前 6 行，代码如下。

```
X_train.head(6)
```

输出结果如图 9-1 所示。

	Text	Emotion
0	i didnt feel humiliated	sadness
1	i can go from feeling so hopeless to so damned...	sadness
2	im grabbing a minute to post i feel greedy wrong	anger
3	i am ever feeling nostalgic about the fireplac...	love
4	i am feeling grouchy	anger
5	ive been feeling a little burdened lately wasn...	sadness

图 9-1　训练集前 6 行数据

（3）显示训练集数据的维度，代码如下。

```
print(" 训练集的维度是: ",X_train.shape)
```

输出结果如下。

```
训练集的维度是: (16000, 2)
```

（4）显示测试集数据的前 6 行，代码如下。

```
X_test.head(6)
```

输出结果如图 9-2 所示。

	Text	Emotion
0	im feeling rather rotten so im not very ambiti...	sadness
1	im updating my blog because i feel shitty	sadness
2	i never make her separate from me because i do...	sadness
3	i left with my bouquet of red and yellow tulip...	joy
4	i was feeling a little vain when i did this one	sadness
5	i cant walk into a shop anywhere where i do no...	fear

图 9-2　测试集前 6 行数据

（5）显示测试集数据的维度，代码如下。

```
print(" 测试集的维度是: ",X_test.shape)
```

输出结果如下。

```
测试集的维度是: (2000, 2)
```

（6）显示验证集数据的前 6 行，代码如下。

```
X_val.head(6)
```

输出结果如图 9-3 所示。

	Text	Emotion
0	im feeling quite sad and sorry for myself but ...	sadness
1	i feel like i am still looking at a blank canv...	sadness
2	i feel like a faithful servant	love
3	i am just feeling cranky and blue	anger
4	i can have for a treat or if i am feeling festive	joy
5	i start to feel more appreciative of what god ...	joy

图 9-3　验证集前 6 行数据

（7）显示验证集数据的维度，代码如下。

```
print(" 验证集的维度是：",X_val.shape)
```

输出结果如下。

```
验证集的维度是：(2000, 2)
```

步骤 2　预处理数据。

（1）检查训练集数据中是否存在空值，代码如下。

```
X_train.isnull().sum()
```

输出结果如下。

```
Text       0
Emotion    0
dtype: int64
```

（2）检查测试集数据中是否存在空值，代码如下。

```
X_test.isnull().sum()
```

输出结果如下。

```
Text       0
Emotion    0
dtype: int64
```

（3）检查验证集数据中是否存在空值，代码如下。

```
X_val.isnull().sum()
```

输出结果如下。

```
Text       0
Emotion    0
dtype: int64
```

（4）查看训练集数据的类别，代码如下。

```
X_train['Emotion'].unique()
```

输出结果如下。

```
array(['sadness', 'anger', 'love', 'surprise', 'fear', 'joy'],
      dtype=object)
```

（5）查看各个类别的统计信息，代码如下。

```
X_train['Emotion'].value_counts()
```

输出结果如下。

```
joy          5362
sadness      4666
anger        2159
fear         1937
love         1304
surprise      572
Name: Emotion, dtype: int64
```

（6）通过统计图显示数据信息，代码如下。

```
import matplotlib.pyplot as plt
import seaborn as sns
plt.figure(figsize=(8,4))
plt.rcParams["font.sans-serif"]=["SimHei"]
plt.rcParams["axes.unicode_minus"]=False
plt.xlabel('类别')
plt.ylabel('频数')
sns.countplot(X_train["Emotion"], palette='Set3')
```

从图 9-4 中可以看出 6 种不同情感的文本的频数，其中 joy 频数最大，surprise 频数最小。

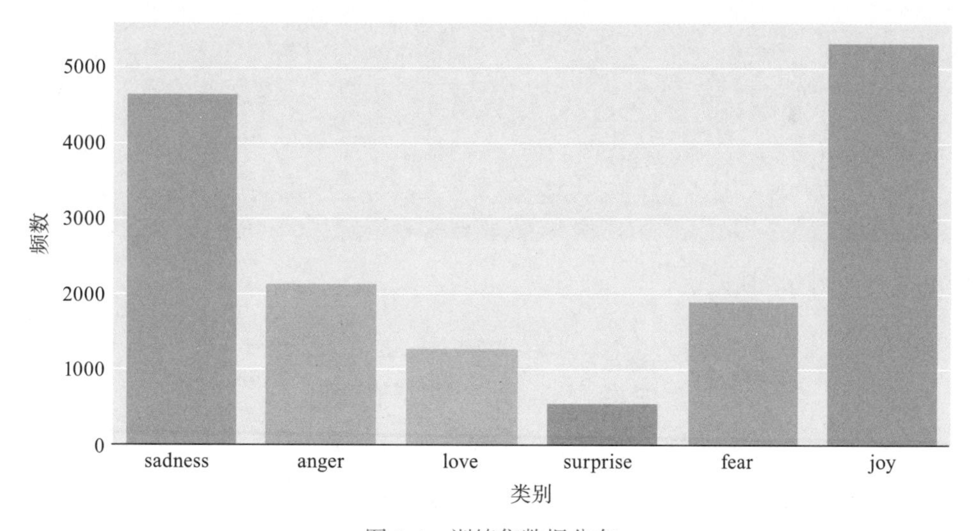

图 9-4　训练集数据分布

（7）安装 WordCloud 库，代码如下。

```
!pip install WordCloud
```

输出结果如下。

```
    Requirement already satisfied: WordCloud in c:\programdata\anaconda3\
envs\c11\lib\site-packages (1.8.2.2)
    Requirement already satisfied: pillow in c:\programdata\anaconda3\envs\
c11\lib\site-packages (from WordCloud) (8.4.0)
```

```
    Requirement already satisfied: matplotlib in c:\programdata\anaconda3\envs\c11\lib\site-packages (from WordCloud) (3.3.4)
    Requirement already satisfied: numpy>=1.6.1 in c:\programdata\anaconda3\envs\c11\lib\site-packages (from WordCloud) (1.19.5)
    Requirement already satisfied: cycler>=0.10 in c:\programdata\anaconda3\envs\c11\lib\site-packages (from matplotlib->WordCloud) (0.11.0)
    Requirement already satisfied: kiwisolver>=1.0.1 in c:\programdata\anaconda3\envs\c11\lib\site-packages (from matplotlib->WordCloud) (1.3.1)
    Requirement already satisfied: python-dateutil>=2.1 in c:\programdata\anaconda3\envs\c11\lib\site-packages (from matplotlib->WordCloud) (2.8.2)
    Requirement already satisfied: pyparsing!=2.0.4,!=2.1.2,!=2.1.6,>=2.0.3 in c:\programdata\anaconda3\envs\c11\lib\site-packages (from matplotlib->WordCloud) (3.0.4)
    Requirement already satisfied: six>=1.5 in c:\programdata\anaconda3\envs\c11\lib\site-packages (from python-dateutil>=2.1->matplotlib->WordCloud) (1.15.0)
```

（8）显示训练集词云，代码如下。

```
from wordcloud import WordCloud

# 将 X_train 中的 Text 列的文本拼接成一个字符串
text = " ".join(cat for cat in X_train["Text"])
# 创建一个词云对象，设置最大字体大小、最大显示词数、背景颜色，并生成词云图
wordcloud = WordCloud(max_font_size=40, max_words=80, background_color="white").generate(text)
plt.figure(figsize=(8,8)) # 创建一个 8×8 的画布
plt.imshow(wordcloud)     # 将生成的词云图显示在画布上
plt.axis("off")           # 关闭坐标轴显示
plt.show()                # 显示画布上的词云图
```

输出结果如图 9-5 所示。

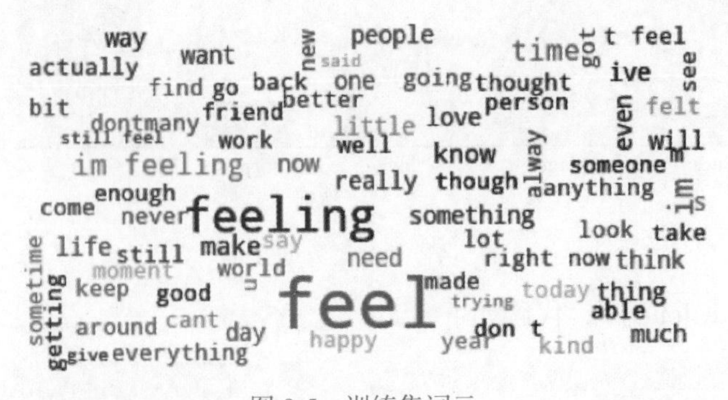

图 9-5　训练集词云

（9）通过折线图显示训练集数据信息，代码如下。

```
plt.figure(figsize=(8, 3.5))
X_train['Emotion'].value_counts().plot()
plt.xlabel('类别')
```

```
plt.ylabel(' 频数 ')
plt.show()
```

输出结果如图 9-6 所示。

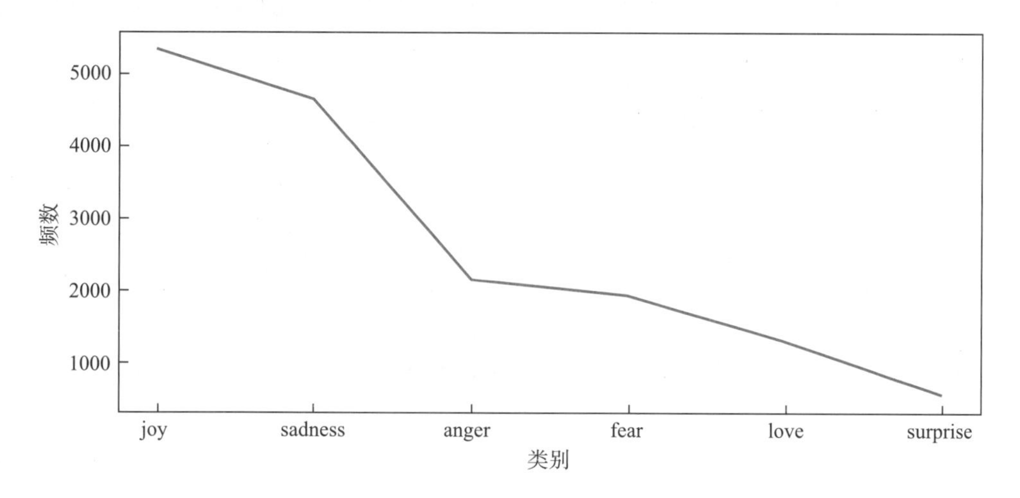

图 9-6 训练集统计

（10）查看训练集中是否存在完全相同的行，代码如下。

```
X_train.duplicated().sum()
```

输出结果如下。

```
1
```

（11）查看重复的行号，并显示内容，代码如下。

```
unique = X_train[X_train.duplicated()]
print(unique)
```

输出结果如下。

```
Text Emotion
13846   i feel more adventurous willing to take risks ...      joy
```

（12）显示重复的行，代码如下。

```
X_train[X_train['Text'] == X_train.iloc[13846]['Text']]
```

输出结果如图 9-7 所示。

	Text	Emotion
4975	i feel more adventurous willing to take risks ...	joy
13846	i feel more adventurous willing to take risks ...	joy

图 9-7 训练集重复行

（13）删除完全重复的行，代码如下。

```
index = X_train[x_train.duplicated() == True].index
X_train.drop(index, axis = 0, inplace = True)
X_train.reset_index(inplace=True, drop = True)
```

（14）显示完全重复的行，代码如下。

```
X_train.duplicated().sum()
```

输出结果如下。

```
0
```

（15）查看 Text 列中具有相同内容但 Emotion 却不同的数据，代码如下。

```
X_train[X_train['Text'].duplicated() == True]
```

输出结果如下。

```
Text    Emotion
5067    i feel on the verge of tears from weariness i ...    joy
33      i still feel a craving for sweet food                love
6563    i tend to stop breathing when i m feeling stre...    anger
7623    i was intensely conscious of how much cash i h...    sadness
7685    im still not sure why reilly feels the need to...    surprise
8246    i am not amazing or great at photography but i...    love
9596    ive also made it with both sugar measurements ...    joy
9687    i had to choose the sleek and smoother feel of...    joy
9769    i often find myself feeling assaulted by a mul...    sadness
9786    i feel im being generous with that statement         joy
10117   i feel pretty tortured because i work a job an...    fear
10581   i feel most passionate about                         joy
11273   i was so stubborn and that it took you getting...    joy
11354   i write these words i feel sweet baby kicks fr...    love
11525   i feel a remembrance of the strange by justin ...    fear
11823   i have chose for myself that makes me feel ama...    joy
12441   i still feel completely accepted                     love
12562   i feel so weird about it                             surprise
12892   i cant escape the tears of sadness and just tr...    joy
13236   i feel like a tortured artist when i talk to her     anger
13879   i feel like i am very passionate about youtube...    love
14106   i feel kind of strange                               surprise
14313   i could feel myself hit this strange foggy wall      surprise
14633   i feel pretty weird blogging about deodorant b...    fear
14925   i resorted to yesterday the post peak day of i...    fear
15314   i will feel as though i am accepted by as well...    joy
15328   i shy away from songs that talk about how i fe...    joy
15571   i bet taylor swift basks in the knowledge that...    anger
15704   i began to feel accepted by gaia on her own terms    joy
```

```
15875    i was sitting in the corner stewing in my own ...    anger
```

（16）显示部分重复的数据，代码如下。

```
X_train[X_train['Text'] == X_train.iloc[15875]['Text']]
```

输出结果如图 9-8 所示。

	Text	Emotion
10327	i was sitting in the corner stewing in my own ...	sadness
15875	i was sitting in the corner stewing in my own ...	anger

图 9-8　训练集 Text 内容重复行

（17）显示部分重复的数据，代码如下。

```
X_train[X_train['Text'] == X_train.iloc[14106]['Text']]
```

输出结果如图 9-9 所示。

	Text	Emotion
8557	i feel kind of strange	fear
14106	i feel kind of strange	surprise

图 9-9　训练集 Text 内容重复行

（18）删除 Text 内容相同的列，代码如下。

```
index = X_train[X_train['Text'].duplicated() == True].index
X_train.drop(index, axis = 0, inplace = True)
X_train.reset_index(inplace=True, drop = True)
```

（19）显示训练集的维度，代码如下。

```
print(" 训练集的维度是：",X_train.shape)
```

输出结果如下。

```
训练集的维度是：(15969, 2)
```

（20）查看训练集 Text 列中具有相同内容但 Emotion 却不同的数据。代码如下。

```
X_train[X_train['Text'].duplicated() == True]
```

输出结果如下。

```
Text Emotion
```

（21）显示测试集中完全重复的行，代码如下。

```
X_test.duplicated().sum()
```

输出结果如下。

```
0
```

（22）查看测试集 Text 列中具有相同内容但 Emotion 却不同的数据，代码如下。

```
X_test[x_test['Text'].duplicated() == True]
```

输出结果如下。

```
Text Emotion
```

（23）显示验证集中完全重复的行，代码如下。

```
X_val.duplicated().sum()
```

输出结果如下。

```
0
```

（24）查看验证集 Text 列中具有相同内容但 Emotion 却不同的数据，代码如下。

```
X_val[X_val['Text'].duplicated() == True]
```

输出结果如图 9-10 所示。

	Text	Emotion
603	i have had several new members tell me how com...	joy
1993	i feel so tortured by it	anger

图 9-10　验证集重复行

（25）删除 Text 内容相同的列，代码如下。

```
index = X_val[X_val['Text'].duplicated() == True].index
X_val.drop(index, axis = 0, inplace = True)
X_val.reset_index(inplace=True, drop = True)
```

（26）查看验证集 Text 列中具有相同内容但 Emotion 却不同的数据，代码如下。

```
X_val[X_val['Text'].duplicated() == True]
```

输出结果如下。

```
Text Emotion
```

步骤 3　查看、清洗停用词。

（1）安装 NLTK 库，代码如下。

```
import nltk
nltk.download('omw-1.4')
```

输出结果如下。

```
[nltk_data] Downloading package omw-1.4 to
[nltk_data]     C:\Users\Administrator\AppData\Roaming\nltk_data...
[nltk_data]   Package omw-1.4 is already up-to-date!
Out[36]:
True
```

（2）查看训练集停用词，代码如下。

```
from nltk.corpus import stopwords
temp = X_train.copy()
stop_words = set(stopwords.words("english"))
temp['stop_words'] = temp['Text'].apply(lambda x: len(set(x.split()) & set(stop_words)))
temp.stop_words.value_counts()
```

输出结果如下。

```
5      1416
7      1405
6      1392
4      1341
8      1319
3      1263
9      1177
10     1048
2       922
11      889
12      752
13      644
14      493
1       450
15      376
16      265
17      238
18      164
19      113
20       90
0        79
21       60
22       33
23       19
24        7
25        6
26        6
28        1
29        1
Name: stop_words, dtype: int64
```

（3）通过柱状图显示词频，代码如下。

```
temp['stop_words'].plot(kind= 'hist'temp['stop_words'].plot(kind=
'hist', bins=30)
plt.rcParams["font.sans-serif"]=["SimHei"]
plt.rcParams["axes.unicode_minus"]=False
plt.ylabel('频数')
plt.xlabel('停词')
```

输出结果如图 9-11 所示。

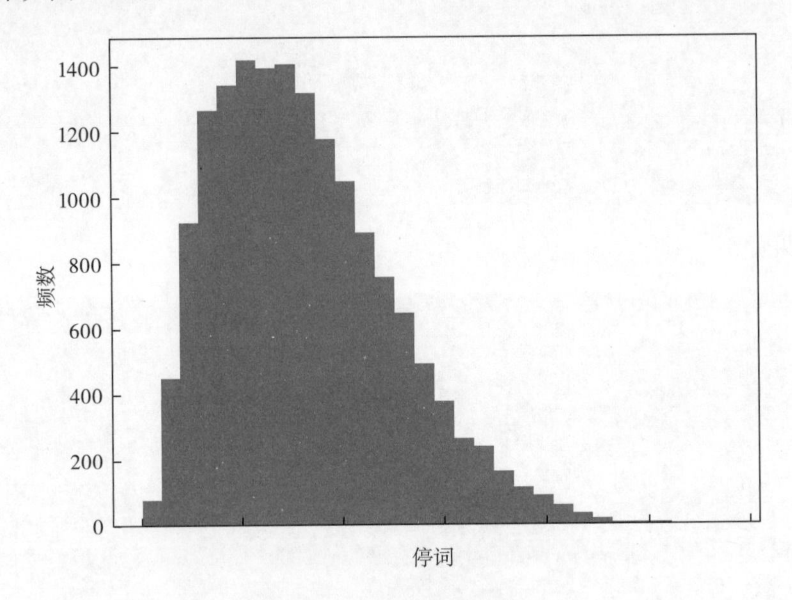

图 9-11　训练集词频结果

（4）查看测试集停用词，代码如下。

```
from nltk.corpus import stopwords
temp = X_test.copy()
stop_words = set(stopwords.words("english"))
temp['stop_words'] = temp['Text'].apply(lambda x: len(set(x.split()) &
set(stop_words)))
temp.stop_words.value_counts()
```

输出结果如下。

```
7     184
6     179
3     175
5     175
4     163
9     163
8     139
10    123
2     118
```

```
11    115
12     84
13     71
15     61
14     58
1      42
16     40
17     31
18     22
20     17
19     11
21     10
0       8
23      7
22      2
24      2
Name: stop_words, dtype: int64
```

（5）通过柱状图显示词频，代码如下。

```
temp['stop_words'].plot(kind= 'hist'temp['stop_words'].plot(kind=
'hist', bins=30)
plt.rcParams["font.sans-serif"]=["SimHei"]
plt.rcParams["axes.unicode_minus"]=False
plt.ylabel(' 频数 ')
plt.xlabel(' 停词 ')
```

输出结果如图 9-12 所示。

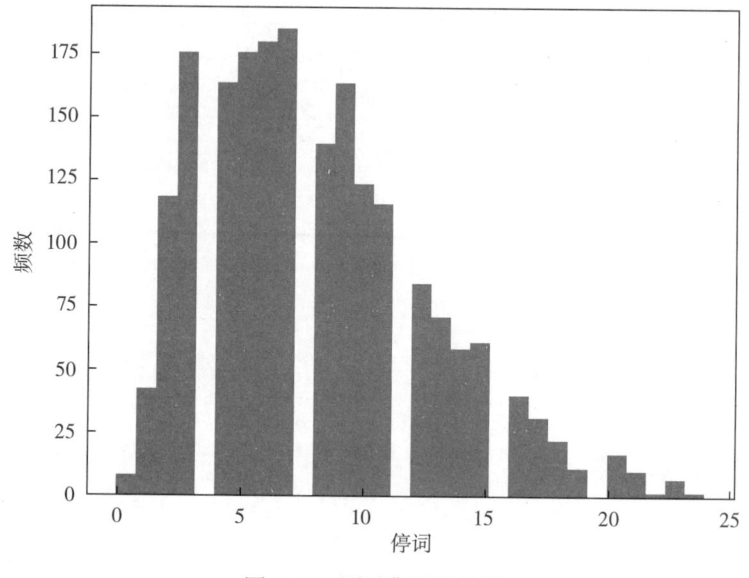

图 9-12 测试集词频结果

（6）移除无关停用词，主要是用于文本预处理和归一化的。具体来说，代码中定义了一些函数，分别实现了以下功能。

- remove_hashtags：移除文本中的 @ 后跟的单词。
- remove_emojis：移除文本中的表情符号。
- lemmatization：词性还原（将单词还原为其词干或词根形式）。
- remove_stop_words：移除文本中的停用词。
- remove_numbers：移除文本中的数字。
- lower_case：将文本转换为小写。
- remove_punctuations：移除文本中的标点符号。
- remove_urls：移除文本中的链接。
- remove_small_sentences：移除文本中长度小于 3 的句子。
- normalize_text：将文本进行归一化处理，即依次应用上述函数。
- normalized_sentence：对单个句子进行归一化处理，即依次应用上述函数。

代码中的 SnowballStemmer 和 WordNetLemmatizer 是自然语言处理工具包 NLTK 中的词干提取和词性还原器。这段代码主要用于英文文本的处理，包括移除标点符号、移除停用词、单词词干提取和词性还原等操作。代码如下。

```
import re
from nltk.corpus import stopwords
from nltk.stem import SnowballStemmer, WordNetLemmatizer

stop_words = stopwords.words('english')  # 导入英语停用词

def remove_hashtags(text):  # 移除 @ 符号后跟的单词
    return re.sub(r'@\w+', '', text)

def remove_emojis(text):   # 移除文本中的表情符号
    words = text.split()
    words = [w for w in words if w.isalpha()]
    return ' '.join(words)

def lemmatization(text):  # 词性还原
    lemmatizer = WordNetLemmatizer()
    words = text.split()
    words = [lemmatizer.lemmatize(w) for w in words]
    return " ".join(words)

def remove_stop_words(text):  # 移除文本中的停用词
    words = str(text).split()
    words = [w for w in words if w not in stop_words]
    return " ".join(words)

def remove_numbers(text):  # 移除文本中的数字
    return ''.join([c for c in text if not c.isdigit()])

def lower_case(text):  # 将文本转换为小写
```

```
        words = text.split()
        words = [w.lower() for w in words]
        return " ".join(words)

    def remove_punctuations(text):
          text = re.sub('[%s]' % re.escape("""!"#$%&'()*+,،-./:;<=>؟?@
[\]^_`{|}~"""), ' ', text)  # 移除标点符号
        text = text.replace('؛', "")  # 移除特定的标点符号
        text = re.sub('\s+', ' ', text)  # 移除多余的空白字符
        return text.strip()  # 移除文本两侧的空白字符

    def remove_urls(text):  # 移除文本中的 URL 链接
        url_pattern = re.compile(r'https?://\S+|www\.\S+')
        return url_pattern.sub(r'', text)

    def remove_small_sentences(df):  # 移除文本中小于 3 个单词的句子
        df.loc[df['text'].apply(lambda x: len(x.split())) < 3, 'text'] = np.nan

    def normalize_text(df):  # 对文本进行归一化处理
        df['Text'] = df['Text'].apply(remove_hashtags)
        df['Text'] = df['Text'].apply(remove_emojis)
        df['Text'] = df['Text'].apply(remove_stop_words)
        df['Text'] = df['Text'].apply(remove_numbers)
        df['Text'] = df['Text'].apply(remove_punctuations)
        df['Text'] = df['Text'].apply(remove_urls)
        df['Text'] = df['Text'].apply(lemmatization)
        df['Text'] = df['Text'].apply(lower_case)
        remove_small_sentences(df)
        return df

    def normalized_sentence(sentence):  # 对单个句子进行归一化处理
        sentence = remove_hashtags(sentence)
        sentence = remove_emojis(sentence)
        sentence = remove_stop_words(sentence)
        sentence = remove_numbers(sentence)
        sentence = remove_punctuations(sentence)
        sentence = remove_urls(sentence)
        sentence = lemmatization(sentence)
        sentence = lower_case(sentence)
        return sentence

    normalized_sentence("My Name is WangErXiao. @happy,  plays 2023  China")
```

输出结果如下。

```
    'name play china'
```

（7）进行数据停用词清洗，代码如下。

```
df_train= normalize_text(X_train)
df_test= normalize_text(X_test)
df_val= normalize_text(X_val)
```

提取训练集、测试集和验证集数据，代码如下。

```
X_train = df_train['Text'].values
y_train = df_train['Emotion'].values

X_test = df_test['Text'].values
y_test = df_test['Emotion'].values

X_val = df_val['Text'].values
y_val = df_val['Emotion'].values
```

步骤 4　使用逻辑回归进行情感预测。

（1）导入相关库，定义相关的客观指标函数，代码如下。

```
# 导入需要的库
from sklearn.pipeline import Pipeline  # 导入 Pipeline 类，用于构建机器学习流水线
from sklearn.metrics import f1_score  # 导入 f1_score 函数，用于计算 F1 值
from sklearn.feature_extraction.text import TfidfVectorizer  # 导入 TfidfVectorizer 类，用于进行文本特征提取
from sklearn.metrics import accuracy_score, confusion_matrix, classification_report  # 导入其他评估指标函数

def train_model(model, data, targets):
    """
训练模型函数
参数：
    - model：模型对象，需要训练的机器学习模型
    - data：特征数据，输入数据用于训练模型
    - targets：目标数据，对应的标签数据
返回：
    - text_clf：训练好的文本分类器
    """
    # 构建文本分类器的流水线，包括特征提取和分类模型
    text_clf = Pipeline([('vect', TfidfVectorizer()), ('clf', model)])
    text_clf.fit(data, targets)  # 训练文本分类器
    return text_clf

def get_accuracy(trained_model, X, y):
    """
获取模型预测的准确性函数
参数：
```

```
        - trained_model: 训练好的模型
        - X: 测试数据的特征
        - y: 测试数据的标签
    返回:
        - f1: F1 值，用于评估模型性能
        """
        predicted = trained_model.predict(X)  # 对测试数据进行预测
        f1 = f1_score(y, predicted, average=None)  # 计算 F1 值
        return f1
```

（2）训练逻辑回归模型并进行预测，代码如下。

```
from sklearn.linear_model import LogisticRegression
trained_LR = train_model(LogisticRegression(), X_train, y_train)
accuracy = get_accuracy(trained_LR,X_test, y_test)
print('准确率是: ',accuracy)
```

输出结果如下。

```
准确率是: [0.85714286 0.8364486  0.89823609 0.70462633 0.91293322 0.66666667]
C:\ProgramData\Anaconda3\envs\c11\lib\site-packages\sklearn\linear_
model\_logistic.py:765: ConvergenceWarning: lbfgs failed to converge
(status=1):
STOP: TOTAL NO. of ITERATIONS REACHED LIMIT.

Increase the number of iterations (max_iter) or scale the data as shown in:
https://scikit-learn.org/stable/modules/preprocessing.html
Please also refer to the documentation for alternative solver options:
https://scikit-learn.org/stable/modules/linear_model.html#logistic-
regression
  extra_warning_msg=_LOGISTIC_SOLVER_CONVERGENCE_MSG)
```

（3）输出混淆矩阵，代码如下。

```
y_pred=trained_LR.predict(X_test)
print(classification_report(y_test, y_pred))
```

输出结果如下。

```
              precision    recall  f1-score   support

       anger       0.89      0.83      0.86       275
        fear       0.88      0.80      0.84       224
         joy       0.85      0.95      0.90       695
        love       0.81      0.62      0.70       159
     sadness       0.90      0.93      0.91       581
    surprise       0.94      0.52      0.67        66

    accuracy                           0.87      2000
```

```
   macro avg       0.88      0.77      0.81      2000
weighted avg       0.87      0.87      0.87      2000
```

步骤 5　使用 LSTM 进行情感预测。

（1）准备数据，代码如下。

```
X_train = df_train['Text']
y_train = df_train['Emotion']

X_test = df_test['Text']
y_test = df_test['Emotion']

X_val = df_val['Text']
y_val = df_val['Emotion']

from tensorflow.keras.preprocessing.text import Tokenizer
from tensorflow.keras.preprocessing.sequence import pad_sequences
max_features = 2000

tokenizer = Tokenizer(num_words=max_features, oov_token="<OOV>")
tokenizer.fit_on_texts(X_train)
X_train_pad = tokenizer.texts_to_sequences(X_train)
X_train_pad = pad_sequences(X_train_pad, padding='post',
truncating="post", maxlen=100)

vocab_size = len(tokenizer.word_index) + 1

X_val_pad = tokenizer.texts_to_sequences(X_val)
X_val_pad = pad_sequences(X_val_pad, padding='post', truncating="post",
maxlen=100)

from tensorflow.keras import Sequential
from tensorflow.keras.models import Model
from tensorflow.keras import layers, Input
from tensorflow.keras.layers import  Flatten, GlobalMaxPooling1D,
Dropout, SpatialDropout1D
from tensorflow.keras.layers import Embedding, Dense, LSTM, GRU, Conv1D,
Bidirectional,  MaxPooling1D
```

（2）定义网络模型。该模型包含一个嵌入层（embedding），将输入的文本转换为稠密向量表示，接着是一个双向长短期记忆网络（long short term memory networks，LSTM）的 Bidirectional LSTM 层来捕捉序列数据中的上下文信息。紧接着是一个展平层（flatten）将输出转换为一维向量，然后是一系列全连接层（dense），包括两个具有 128 个神经元的隐藏层和一个具有 6 个神经元的输出层。模型还包含一个 dropout 层来减轻过拟合。模型使用 ReLU 作为激活函数，在输出层使用 softmax 激活函数来获得多类别分类问题的类别概率。代码如下。

```
    embed_dim = 300

    model1 = Sequential([
          Embedding(max_features, embed_dim, input_length=X_train_pad.
shape[1]),
        Bidirectional(LSTM(156, dropout=0.2)),
        Flatten(),
        Dense(128, activation = 'relu'),
        Dense(128, activation = 'relu'),
        Dropout(0.2),
        Dense(64, activation = 'relu'),
        Dense(32, activation = 'relu'),
        Dense(6, activation = 'softmax')
    ])
    print(model1.summary())

    model1.compile(loss = 'categorical_crossentropy', optimizer='adam',
metrics = ['accuracy'])
```

输出结果如下。

```
Model: "sequential"
_________________________________________________________________
Layer (type)                 Output Shape              Param #
=================================================================
embedding (Embedding)        (None, 100, 300)          600000
_________________________________________________________________
bidirectional (Bidirectional (None, 312)               570336
_________________________________________________________________
flatten (Flatten)            (None, 312)               0
_________________________________________________________________
dense (Dense)                (None, 128)               40064
_________________________________________________________________
dense_1 (Dense)              (None, 128)               16512
_________________________________________________________________
dropout (Dropout)            (None, 128)               0
_________________________________________________________________
dense_2 (Dense)              (None, 64)                8256
_________________________________________________________________
dense_3 (Dense)              (None, 32)                2080
_________________________________________________________________
dense_4 (Dense)              (None, 6)                 198
=================================================================
Total params: 1,237,446
Trainable params: 1,237,446
Non-trainable params: 0
_________________________________________________________________
None
```

（3）处理目标值，代码如下。

```
from sklearn.preprocessing import LabelEncoder
le = LabelEncoder()
y_train = le.fit_transform(y_train)
y_test = le.transform(y_test)
y_val = le.transform(y_val)
list(le.classes_)
```

输出结果如下。

```
['anger', 'fear', 'joy', 'love', 'sadness', 'surprise']
```

（4）训练模型。to_categorical 函数用于将类别标签转换为独热编码（one-hot encoding）形式。在训练神经网络时，常使用独热编码作为网络输出的标签形式。to_categorical 函数可以方便地将原始的整数标签转换为独热编码形式。代码如下。

```
from tensorflow.keras.utils import to_categorical
y_train = to_categorical(y_train)
y_val = to_categorical(y_val)
y_test = to_categorical(y_test)
history1 = model1.fit(X_train_pad, y_train, validation_data=(X_val_
pad,y_val), epochs=10, batch_size=64)
```

输出结果如下。

```
Epoch 1/10
250/250 [==============================] - 15s 49ms/step - loss: 1.1679 -
accuracy: 0.5445 - val_loss: 0.6896 - val_accuracy: 0.7563
Epoch 2/10
250/250 [==============================] - 12s 47ms/step - loss: 0.4498 -
accuracy: 0.8456 - val_loss: 0.3412 - val_accuracy: 0.8934
Epoch 3/10
250/250 [==============================] - 12s 46ms/step - loss: 0.2497 -
accuracy: 0.9155 - val_loss: 0.2932 - val_accuracy: 0.9004
Epoch 4/10
250/250 [==============================] - 12s 47ms/step - loss: 0.1915 -
accuracy: 0.9290 - val_loss: 0.2754 - val_accuracy: 0.8974
Epoch 5/10
250/250 [==============================] - 12s 47ms/step - loss: 0.1565 -
accuracy: 0.9407 - val_loss: 0.2789 - val_accuracy: 0.9024
Epoch 6/10
250/250 [==============================] - 12s 47ms/step - loss: 0.1312 -
accuracy: 0.9504 - val_loss: 0.2982 - val_accuracy: 0.9029
Epoch 7/10
250/250 [==============================] - 12s 48ms/step - loss: 0.1093 -
accuracy: 0.9578 - val_loss: 0.2977 - val_accuracy: 0.9104
Epoch 8/10
```

```
    250/250 [==============================] - 12s 47ms/step - loss: 0.1031 -
accuracy: 0.9597 - val_loss: 0.2943 - val_accuracy: 0.9039
    Epoch 9/10
    250/250 [==============================] - 12s 47ms/step - loss: 0.0831 -
accuracy: 0.9680 - val_loss: 0.3077 - val_accuracy: 0.9104
    Epoch 10/10
    250/250 [==============================] - 12s 48ms/step - loss: 0.0748 -
accuracy: 0.9713 - val_loss: 0.3537 - val_accuracy: 0.9064
```

（5）进行训练模型测试，代码如下。

```
    X_test_pad = tokenizer.texts_to_sequences(X_test)
    X_test_pad = pad_sequences(X_test_pad, padding='post', truncating="post",
maxlen=100)

    #Evaluate the model on the test data using 'evaluate'
    print("Evaluate on test data")
    t_results = model1.evaluate(X_test_pad , y_test, batch_size=32)
```

输出结果如下。

```
    print(" 测试集损失 :{}  和准确率 :{}%".format(round(t_results[0], 3), round
(t_results[1]*100)))Evaluate on test data
    63/63 [==============================] - 1s 12ms/step - loss: 0.3981 -
accuracy: 0.9055
    测试集损失 :0.398 和准确率 :91%
```

（6）显示部分数据并显示预测结果，代码如下。

```
    check = 'I am scared of hippos'
    check_text = tokenizer.texts_to_sequences([check])[0]
    # 对 check_text 进行填充和截断，使其长度为 100
    check_text  = pad_sequences([check_text],padding='post', truncat-
ing="post", maxlen=100)

    def Predict(Text, model1):
        predict = model1.predict(Text).flatten()         # 对输入的文本进行模型预
测，并将结果展平为一维数组
        predict = [1 if x>=0.5 else 0 for x in predict] # 将预测结果进行二值化，
大于等于 0.5 的为 1，小于 0.5 的为 0
        pos = []
        res = []
        for i in range(0, len(predict), 6):
            pos.append(predict[i:i+6])
        for j in pos:
            for i in j:
                if i==1:
```

```
                res.append(j.index(i))
        g =[]
        for i,j in enumerate(le.classes_):
            for s in res:
                if i is s:
                    g.append(j)
        return res, g
    # 输出 check 文本的预测结果
    print(check,'The prediction is {}'.format(Predict(check_text, model1)))
    print(X_test[:5],'\n','The prediction is {}'.format(Predict(X_test_
pad[:5], model1)))  # 输出 X_test 前 5 个文本的预测结果
```

输出结果如下。

```
I am scared of hippos The prediction is ([1], ['fear'])
0          im feeling rather rotten im ambitious right
1                              im updating blog feel shitty
2        never make separate ever want feel like ashamed
3     left bouquet red yellow tulip arm feeling slig...
4                                   feeling little vain one
Name: Text, dtype: object
 The prediction is ([4, 4, 4, 2, 4], ['joy', 'sadness', 'sadness', 'sad
ness', 'sadness'])
```

（7）显示预测报告，代码如下。

```
import numpy as np
y_pred = np.argmax(model1.predict(X_test_pad), axis=1)
y_true = np.argmax(y_test, axis=1)
from sklearn import metrics
print(metrics.classification_report(y_pred, y_true))
```

输出结果如下。

```
              precision    recall  f1-score   support

           0       0.89      0.90      0.90       272
           1       0.91      0.88      0.89       230
           2       0.89      0.96      0.92       648
           3       0.92      0.71      0.80       207
           4       0.94      0.96      0.95       566
           5       0.77      0.66      0.71        77

    accuracy                           0.91      2000
   macro avg       0.89      0.85      0.86      2000
weighted avg       0.91      0.91      0.90      2000
```

学习评价

任务评价表

任务名称	任务详情	评价要素	分值	评价主体		
				学生自评	小组互评	教师点评
了解文本情感分析步骤	熟知文本情感分析中每一步的意义、关键点	熟知程度	10			
完成预处理数据	重复值删除、词云显示、停用词统计、删除无用停用词	熟知程度	30			
搭建文本情感分析环境	安装好相关的库、包	是否安装	20			
完成文本情感分析系统	预处理数据，模型设置、训练，使用 LSTM 完成文本情感分析系统	准确率	40			

家庭用电量预测系统

项目导读

家庭用电量预测可以使用各种方法，如统计学方法、机器学习算法等来预测家庭用电情况。这些方法通常需要考虑许多因素，如天气、家庭人数、家庭中使用的电器数量等。同时，项目将倡导可持续发展的理念，通过智能用电管理的推广和应用，减少用电浪费，降低能源消耗，推动数字经济的绿色发展。本项目将介绍如何实现一个家庭用电量预测系统。

知识目标

了解网络家庭用电量预测的重要性、常见的预测方法、预测步骤；掌握搭建网络家庭用电量预测的环境、掌握使用 LSTM 算法对家庭用电量预测的过程。

能力目标

掌握基于 LSTM 的网络家庭用电量预测过程。

素质目标

通过项目学习，使学生了解能源的重要性、能源消耗的影响，以及节能的概念和原则，建立起对节能知识的基础理解。

工作任务	建议学时	重难点	重要程度
任务 10–1　完成家庭用电量预测系统的环境搭建	1	了解家庭用电量预测	★★☆☆☆
		了解家庭用电量预测常见技术	★★☆☆☆
		了解家庭用电量预测过程	★★☆☆☆
		完成家庭用电量预测数据准备和环境搭建	★★★☆☆
任务 10–2　实现家庭用电量预测系统	4	装载数据	★★☆☆☆
		预处理数据	★★★★☆
		设置、训练和推理模型	★★★★☆

任务 10–1　完成家庭用电量预测系统的环境搭建

任务要求

本任务要求读者完成家庭用电预测系统的相关软件和第三方库的安装，并实现该预测系统的环境搭建。

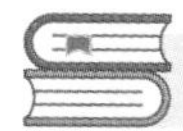

知识准备

1. 家庭用电量预测

家庭用电量预测具有以下 4 个方面意义。

（1）节能：通过预测家庭用电量，家庭可以采取有效的节能措施，从而减少能源浪费。

（2）费用规划：通过预测用电量，家庭可以对用电进行规划，避免因用电量高产生的额外费用。

（3）动态调整用电策略：预测的结果可以作为家庭决策的依据，以根据不同的家庭需求动态调整用电策略。

（4）电网规划：家庭用电量预测数据可以作为电网规划的参考，帮助电力公司更好地规划电力资源。

总体而言，家庭用电量预测有助于提高家庭的能源效率，同时促进电力行业更高效运营。

2. 家庭用电量预测常见技术

家庭用电量预测方法有以下 5 种。

（1）历史用电量记录：使用过去的用电数据预测未来的用电情况。具体做法如下：①收集家庭历史用电数据，从电费账单或智能电表中获取每天或每月的用电数据；②分析数据，对收集到的数据进行分析，识别出用电的规律和趋势；③预测用电量，根据识别出的规律和趋势，预测未来的用电量；④校验预测结果，对比实际用电数据和预测结果，评估预测精度。这种方法简单易行，不需要复杂的数学模型，但其预测精度受到历史数据的影响，如果历史数据不全或存在异常，预测结果也可能不准确。

（2）用电模型：使用统计学或数学模型预测用电情况，模型基于家庭的人口、用电设备等因素。具体做法如下：①收集家庭历史用电数据，从电费账单或智能电表中获取每天或每月的用电数据；②选择合适的模型，根据家庭的特点和历史数据的特征，选择适合的统计学或数学模型；③建立模型，根据选择的模型和家庭历史用电数据，建立一个预测模型；④预测用电量，根据建立的模型，预测未来的用电量；⑤校验预测结果，对比实际用电数据和预测结果，评估预测精度。这种方法的优势在于可以考虑到家庭的多种因素，如人口、用电设备等，因此预测结果的准确性比基于历史用电量的方法更高。但是需要选择合适的模型，并且对家庭数据的处理和分析要求较高。

（3）家用电器分析：根据家庭使用的电器数量、类型和使用频率来预测用电量。具体做法如下：①清晰家庭用电设备，确定家庭中的所有用电设备，并评估每个设备的用电量；②记录用电情况，记录每个用电设备的使用情况，包括使用时长和频率；③分析用电趋势，根据记录的用电情况，分析每个用电设备的用电趋势；④预测用电量，根据用电趋势和每个设备的用电量，预测未来的用电量；⑤校验预测结果，对比实际用电数据和预测结果，评估预测精度。这种方法的优势在于考虑了家庭中各种电器的使用情况，因此能够更精确地反映家庭用电情况。但是需要对每个用电设备进行详细记录，并且当用电设备数量多时处理数据会变得困难。

（4）智能电表：使用智能电表记录实时用电数据，预测未来的用电情况。具体做法如下：①在家庭电路中安装智能电表，以实时监测用电量；②记录用电数据，智能电表会实时记录用电数据，并存储在服务器上；③分析用电数据，利用数据分析技术对用电数据进行分析，找出用电趋势和模式；④预测用电量，根据用电趋势和模式，预测未来的用电量；⑤接收预测结果，用户可以通过手机应用或网页获取预测结果。这种方法的优势在于简化了数据记录和分析的流程，并且能够实时监测用电情况。同时，用户也可以随时了解预测结果。但是，需要购买智能电表，并且服务器故障或网络问题可能会影响预测结果的准确性。

（5）人工智能技术：使用机器学习算法和大数据分析来预测用电量。它的实现通常包括以下步骤：①数据收集，收集家庭的历史用电数据，以及可能影响用电量的因素，如天气、家庭成员的活动规律等；②预处理数据，收集的数据需要进行预处理，包括清洗、标准化、特征提取等；③模型选择，选择合适的机器学习算法，如回归分析、支持向量机或神经网络等，以完成预测任务；④模型训练，使用预处理的数据训练模型，得到一组参数，用于生成预测结果；⑤预测，使用训练好的模型，预测未来的用电情况。基于人工智能的家庭用电量预测可以帮助家庭节约能源，并为家庭制订更有效的能源管理计划。它可以提高能源利用效率，降低能源浪费，并对环境产生积极影响。

任务实施

使用到的环境、软件和库如表 10-1 所示，使用到的库已经在之前任务中介绍过，因此不再重复介绍。

表 10-1 实验环境

项目	版本
操作系统	Windows 10 64 位专业版
开发语言	Python 3.6.13
TensorFlow-GPU	2.6.0
Keras	2.6.0
TensorBoard	2.6.0
Pandas	1.1.5
NumPy	1.19.5
scikit-learn	0.24.2

任务 10-2 实现家庭用电量预测系统

任务要求

本任务要求读者实现家庭通用电量预测系统，主要包括数据的装载、预处理，模型的设置、训练和测试。

知识准备

数据集包含一些度量值中缺少的值（约占行的 1.25%）。数据集中包含所有日历时间戳，但对于某些时间戳，度量值缺失，缺失值由两个连续分号属性分隔符之间的值缺失表示。例如，数据集显示 2007 年 4 月 28 日的缺失值。数据集包含的字段及含义如表 10-2 所示。

表 10-2 数据集介绍

字 段	含 义
1. date:	日期，格式为：dd/mm/yyyy
2. time:	时间，格式为：hh:mm:ss
3. global_active_power:	家庭每分钟的有功功率（千瓦）
4. global_reactive_power:	家庭每分钟的无功功率（千瓦）
5. voltage:	每分钟的平均电压（伏特）
6. global_intensity:	家庭每分钟的平均电流强度（安培）
7. sub_metering_1:	厨房有功电能（瓦时），如洗碗机、烤箱和微波炉
8. sub_metering_2:	洗衣房有功电能（瓦时），如洗衣机、烘干机、冰箱和电灯
9. sub_metering_3:	电热水器和空天有功电能（瓦时）

任务实施

步骤 1 读取数据。

（1）使用 Pandas 读取数据，并显示数据的前 5 行，代码如下。

```
import Pandas as pd  # 导入 Pandas 库
df=pd.read_csv('household_power_consumption.txt',delimiter=';',low_memory=True, infer_datetime_format=True, parse_dates={'dt' : ['Date', 'Time']}, index_col='dt')  # 读取以分号为分隔符的 csv 文件，设定低内存模式，推断日期时间格式并合并为一列，并将 dt 列设置为索引
df.head(5)  # 显示前 5 行数据
```

输出结果如图 10-1 所示。

dt	Global_active_power	Global_reactive_power	Voltage	Global_intensity	Sub_metering_1	Sub_metering_2	Sub_metering_3
2006-12-16 17:24:00	4.216	0.418	234.840	18.400	0.000	1.000	17.0
2006-12-16 17:25:00	5.360	0.436	233.630	23.000	0.000	1.000	16.0
2006-12-16 17:26:00	5.374	0.498	233.290	23.000	0.000	2.000	17.0
2006-12-16 17:27:00	5.388	0.502	233.740	23.000	0.000	1.000	17.0
2006-12-16 17:28:00	3.666	0.528	235.680	15.800	0.000	1.000	17.0

图 10-1 数据前 5 行

（2）查看数据的维度，代码如下。

```
df.shape
```

输出结果如下。

```
(2075259, 7)
```

（3）查看数据的信息，代码如下。

```
df.info()
```

输出结果如下。

```
<class 'Pandas.core.frame.DataFrame'>
DatetimeIndex: 2075259 entries, 2006-12-16 17:24:00 to 2010-11-26
21:02:00
Data columns (total 7 columns):
 #   Column                 Dtype
---  ------                 -----
 0   Global_active_power    object
 1   Global_reactive_power  object
 2   Voltage                object
 3   Global_intensity       object
 4   Sub_metering_1         object
 5   Sub_metering_2         object
 6   Sub_metering_3         float64
dtypes: float64(1), object(6)
memory usage: 126.7+ MB
```

（4）查看数据统计信息，代码如下。

```
df.describe(include='all').T
```

输出结果如图 10-2 所示。

	count	unique	top	freq	mean	std	min	25%	50%	75%	max
Global_active_power	2075259	6534	?	25979	NaN	NaN	NaN	NaN	NaN	NaN	NaN
Global_reactive_power	2075259	896	0.000	472786	NaN	NaN	NaN	NaN	NaN	NaN	NaN
Voltage	2075259	5168	?	25979	NaN	NaN	NaN	NaN	NaN	NaN	NaN
Global_intensity	2075259	377	1.000	169406	NaN	NaN	NaN	NaN	NaN	NaN	NaN
Sub_metering_1	2075259	153	0.000	1840611	NaN	NaN	NaN	NaN	NaN	NaN	NaN
Sub_metering_2	2075259	145	0.000	1408274	NaN	NaN	NaN	NaN	NaN	NaN	NaN
Sub_metering_3	2049280.0	NaN	NaN	NaN	6.458447	8.437154	0.0	0.0	1.0	17.0	31.0

图 10-2　数据统计信息

（5）使用 NaN 替换带有“？”的值，代码如下。

```
df.replace('?', 'NaN', inplace=True)
df.describe(include='all').T
```

输出结果如图 10-3 所示。

	count	unique	top	freq	mean	std	min	25%	50%	75%	max
Global_active_power	2075259	6534	NaN	25979	NaN	NaN	NaN	NaN	NaN	NaN	NaN
Global_reactive_power	2075259	896	0.000	472786	NaN	NaN	NaN	NaN	NaN	NaN	NaN
Voltage	2075259	5168	NaN	25979	NaN	NaN	NaN	NaN	NaN	NaN	NaN
Global_intensity	2075259	377	1.000	169406	NaN	NaN	NaN	NaN	NaN	NaN	NaN
Sub_metering_1	2075259	153	0.000	1840611	NaN	NaN	NaN	NaN	NaN	NaN	NaN
Sub_metering_2	2075259	145	0.000	1408274	NaN	NaN	NaN	NaN	NaN	NaN	NaN
Sub_metering_3	2049280.0	NaN	NaN	NaN	6.458447	8.437154	0.0	0.0	1.0	17.0	31.0

图 10-3　替换后数据

（6）转换数据类型，代码如下。

```
# 将 Global_active_power 列的数据类型转换为浮点型
df['Global_active_power'] = df['Global_active_power'].astype('float')
# 将 Global_reactive_power 列的数据类型转换为浮点型
df['Global_reactive_power'] = df['Global_reactive_power'].astype('float')
# 将 Voltage 列的数据类型转换为浮点型
df['Voltage'] = df['Voltage'].astype('float')
# 将 Global_intensity 列的数据类型转换为浮点型
df['Global_intensity'] = df['Global_intensity'].astype('float')
# 将 Sub_metering_1 列的数据类型转换为浮点型
df['Sub_metering_1'] = df['Sub_metering_1'].astype('float')
# 将 Sub_metering_2 列的数据类型转换为浮点型
df['Sub_metering_2'] = df['Sub_metering_2'].astype('float')
# 将 Sub_metering_3 列的数据类型转换为浮点型
df['Sub_metering_3'] = df['Sub_metering_3'].astype('float')
df.dtypes
```

输出结果如下。

```
Global_active_power        float64
Global_reactive_power      float64
Voltage                    float64
Global_intensity           float64
Sub_metering_1             float64
Sub_metering_2             float64
Sub_metering_3             float64
dtype: object
```

（7）查看数据类型信息，代码如下。

```
df.describe().T
```

输出结果如图 10-4 所示。

	count	mean	std	min	25%	50%	75%	max
Global_active_power	2049280.0	1.091615	1.057294	0.076	0.308	0.602	1.528	11.122
Global_reactive_power	2049280.0	0.123714	0.112722	0.000	0.048	0.100	0.194	1.390
Voltage	2049280.0	240.839858	3.239987	223.200	238.990	241.010	242.890	254.150
Global_intensity	2049280.0	4.627759	4.444396	0.200	1.400	2.600	6.400	48.400
Sub_metering_1	2049280.0	1.121923	6.153031	0.000	0.000	0.000	0.000	88.000
Sub_metering_2	2049280.0	1.298520	5.822026	0.000	0.000	0.000	1.000	80.000
Sub_metering_3	2049280.0	6.458447	8.437154	0.000	0.000	1.000	17.000	31.000

图 10-4　数据描述信息

步骤 2　预处理数据。

（1）统计 NaN 类型数据，代码如下。

```
df.isna().sum()
```

输出结果如下。

```
Global_active_power        25979
Global_reactive_power      25979
Voltage                    25979
Global_intensity           25979
Sub_metering_1             25979
Sub_metering_2             25979
Sub_metering_3             25979
dtype: int64
```

（2）使用前一天同样时间的值来填充缺失值，代码如下。

```
import numpy as np
def fill_missing(values):
    one_day = 60 * 24
    for row in range(values.shape[0]):
        for col in range(values.shape[1]):
            if np.isnan(values[row, col]):
                values[row, col] = values[row - one_day, col]
fill_missing(df.values)
df['Global_active_power'].isna().sum().sum()
```

（3）查看数据统计信息，代码如下。

```
df.describe(include='all').T
```

输出结果如图 10-5 所示。

	count	mean	std	min	25%	50%	75%	max
Global_active_power	2075259.0	1.089418	1.054678	0.076	0.308	0.602	1.526	11.122
Global_reactive_power	2075259.0	0.123687	0.112593	0.000	0.048	0.100	0.194	1.390
Voltage	2075259.0	240.836427	3.240051	223.200	238.990	241.000	242.870	254.150
Global_intensity	2075259.0	4.618401	4.433165	0.200	1.400	2.600	6.400	48.400
Sub_metering_1	2075259.0	1.118474	6.141460	0.000	0.000	0.000	0.000	88.000
Sub_metering_2	2075259.0	1.291131	5.796922	0.000	0.000	0.000	1.000	80.000
Sub_metering_3	2075259.0	6.448635	8.433584	0.000	0.000	1.000	17.000	31.000

图 10-5　数据描述信息

（4）查看每月数据重采样平均值，代码如下。

```
import matplotlib.pyplot as plt
plt.rcParams["font.sans-serif"]=["SimHei"]
plt.rcParams["axes.unicode_minus"]=False
i = 1
cols=[0, 1, 3, 4, 5, 6]
plt.figure(figsize=(10, 12))
for col in cols:
    plt.subplot(len(cols), 1, i)
    plt.plot(df.resample('M').mean().values[:, col])
    plt.title(df.columns[col] + '每月数据重采样平均值', y=0.75, loc='left')
    i += 1
plt.show()
```

输出结果如图 10-6 所示。

（5）转换为序列数据，代码如下。

数据序列化

```
def series_to_supervised(data, n_in=1, n_out=1, dropnan=True):
    # 将 data 转换为 DataFrame 格式
    n_vars = 1 if type(data) is list else data.shape[1]
    dff = pd.DataFrame(data)
    cols, names = list(), list()
    # 添加 t-(n_in) 到 t-1 时刻的特征作为输入特征
    for i in range(n_in, 0, -1):
        cols.append(dff.shift(-i))
        names += [('var%d(t-%d)' % (j+1, i)) for j in range(n_vars)]
    # 添加 t 时刻到 t+(n_out-1) 时刻的特征作为输出特征
    for i in range(0, n_out):
        cols.append(dff.shift(-i))
        if i==0:
            names += [('var%d(t)' % (j+1)) for j in range(n_vars)]
        else:
            names += [('var%d(t+%d)' % (j+1, i)) for j in range(n_vars)]
        # 将输入特征和输出特征拼接成一个新的 DataFrame
        agg = pd.concat(cols, axis=1)
        agg.columns = names
        if dropnan:
```

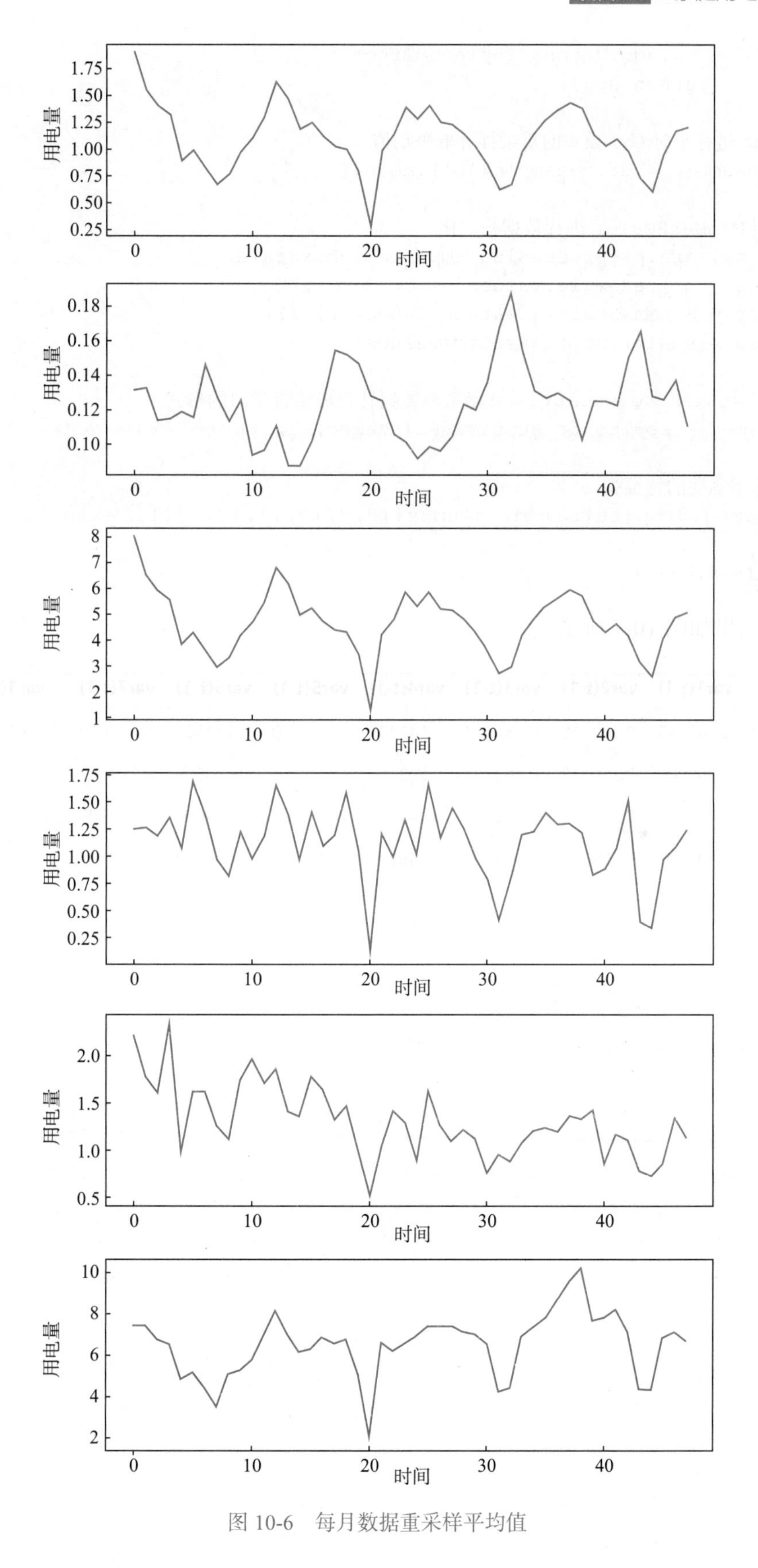

图 10-6 每月数据重采样平均值

```
            agg.dropna(inplace=True)
        return agg

    # 对 df 进行小时(h)频率的重采样并取平均值
    df_resample = df.resample('h').mean()

    # 使用 MinMaxScaler 进行数据归一化
    from sklearn.preprocessing import MinMaxScaler
    values = df_resample.values
    scaler = MinMaxScaler(feature_range=(0, 1))
    scaled = scaler.fit_transform(values)

    # 使用 series_to_supervised 函数将数据转换成监督学习的形式
    reframed = series_to_supervised(scaled, 1, 1)

    # 删除不需要的特征列
    reframed.drop(reframed.columns[[8,9,10,11,12,13]], axis=1, inplace=
True)
    reframed.head()
```

输出结果如图 10-7 所示。

	var1(t-1)	var2(t-1)	var3(t-1)	var4(t-1)	var5(t-1)	var6(t-1)	var7(t-1)	var1(t)
0	0.545045	0.103358	0.335501	0.541487	0.0	0.144652	0.782676	0.636816
1	0.509006	0.110073	0.283802	0.502152	0.0	0.030869	0.774169	0.545045
2	0.488550	0.096987	0.315987	0.481110	0.0	0.000000	0.778809	0.509006
3	0.455597	0.099010	0.434417	0.449904	0.0	0.008973	0.798917	0.488550
4	0.322555	0.072536	0.495847	0.323529	0.0	0.002872	0.205723	0.455597

图 10-7　转换后的序列数据

（6）划分数据集，代码如下。

```
    values = reframed.values
    n_train_time = 365*24*3
    train = values[:n_train_time, :]
    test = values[n_train_time:, :]
    X_train, y_train = train[:, :-1], train[:, -1]
    X_test, y_test = test[:, :-1], test[:, -1]
    X_train = X_train.reshape((X_train.shape[0], 1, X_train.shape[1]))
    X_test = X_test.reshape((X_test.shape[0], 1, X_test.shape[1]))
```

（7）显示训练集和测试集，代码如下。

```
    y1 = np.linspace(1, y_train.shape[0], y_train.shape[0])
    y2 = np.linspace(1, y_test.shape[0], y_test.shape[0])+y_train.shape[0]
    plt.figure(figsize=(8,4))
    plt.plot(y1, y_train)
    plt.plot(y2, y_test)
    plt.legend(['train','test']);
```

输出结果如图 10-8 所示。

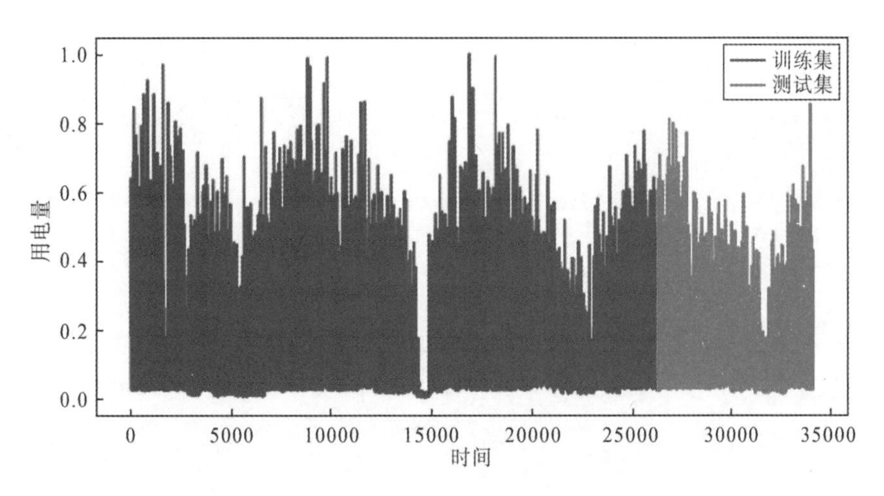

图 10-8 训练集和测试集

步骤 3 设置、训练和推理模型。

（1）使用神经网络进行模型的训练，在训练之前需要先导入神经网络相关的库。代码如下。

```
import tensorflow as tf
from tensorflow import keras
from keras.layers import *
from sklearn.metrics import mean_absolute_error
```

（2）定义网络模型。使用 Keras 构建的 RNN。模型的第一层是一个 LSTM 层，有 200 个 LSTM 单元。接下来添加了一个 dropout 层，它的作用是在模型训练过程中随机使一部分输入值为零，以防止过拟合。再下一层是一个 Dense 层，有 32 个神经元，并且使用默认的线性激活函数。然后，模型又添加了一个 Dense 层，有 16 个神经元。最后，模型的输出层是一个 Dense 层，只有一个神经元，用于回归任务。该模型使用均方误差（mean squared error MSE）作为损失函数，并使用 Adam 优化器进行优化。代码如下。

```
model=tf.keras.Sequential()
model.add(LSTM(200,input_shape=(X_train.shape[1],X_train.shape[2])))
model.add(Dropout(0.2))
model.add(Dense(32))
model.add(Dense(16))
model.add(Dense(1))
model.compile(loss='mean_squared_error', optimizer='adam')
```

（3）编译模型，代码如下。

```
    model.compile(loss='categorical_crossentropy', optimizer='adam',
metrics=['accuracy'])
```

（4）模型参数，代码如下。

```
model.summary()
```

输出结果如下。

```
Model: "sequential_1"
_________________________________________________________________
Layer (type)                 Output Shape              Param #
=================================================================
lstm_1 (LSTM)                (None, 200)               166400
_________________________________________________________________
dropout_1 (Dropout)          (None, 200)               0
_________________________________________________________________
dense_3 (Dense)              (None, 32)                6432
_________________________________________________________________
dense_4 (Dense)              (None, 16)                528
_________________________________________________________________
dense_5 (Dense)              (None, 1)                 17
=================================================================
Total params: 173,377
Trainable params: 173,377
Non-trainable params: 0
_________________________________________________________________
```

（5）训练模型，代码如下。

```
from keras.callbacks import EarlyStopping
history=model.fit(X_train,y_train, epochs=20, batch_size=20,validation_
data=(X_test,y_test),
                    callbacks=[EarlyStopping(monitor='val_loss',patience=
10)],verbose=1,shuffle=False)
```

输出结果如下。

```
Epoch 1/10
1314/1314 [==============================] - 7s 4ms/step - loss: 0.0105 -
val_loss: 0.0080
Epoch 2/10
1314/1314 [==============================] - 6s 4ms/step - loss: 0.0098 -
val_loss: 0.0079
Epoch 3/10
1314/1314 [==============================] - 6s 4ms/step - loss: 0.0097 -
val_loss: 0.0082
Epoch 4/10
1314/1314 [==============================] - 6s 4ms/step - loss: 0.0096 -
val_loss: 0.0081
Epoch 5/10
1314/1314 [==============================] - 6s 4ms/step - loss: 0.0096 -
val_loss: 0.0080
Epoch 6/10
```

```
1314/1314 [==============================] - 6s 4ms/step - loss: 0.0095 - val_loss: 0.0080
Epoch 7/10
1314/1314 [==============================] - 6s 4ms/step - loss: 0.0095 - val_loss: 0.0079
Epoch 8/10
1314/1314 [==============================] - 6s 4ms/step - loss: 0.0094 - val_loss: 0.0079
Epoch 9/10
1314/1314 [==============================] - 6s 4ms/step - loss: 0.0094 - val_loss: 0.0080
Epoch 10/10
1314/1314 [==============================] - 6s 4ms/step - loss: 0.0093 - val_loss: 0.0079
```

（6）显示训练损失，代码如下。

```
plt.plot(history.history['loss'])
plt.plot(history.history['val_loss'])
plt.title('模型损失')
plt.ylabel('损失')
plt.xlabel('轮次')
plt.legend(['训练集', '测试集'])
plt.show()
```

输出结果如图 10-9 所示。

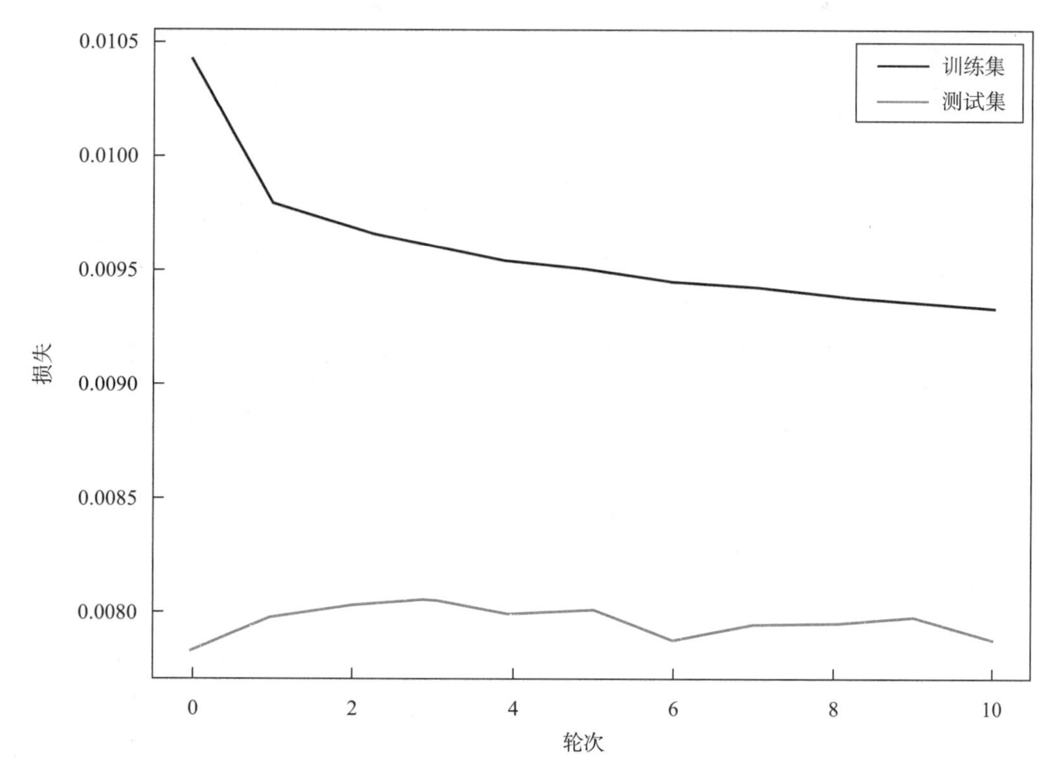

图 10-9 训练集和测试集损失

（7）进行测试集数据预测，代码如下。

```
from sklearn.metrics import mean_squared_error
y_pre = model.predict(X_test)
X_test = x_test.reshape((X_test.shape[0], 7))
# 对预测数据进行逆缩放
inv_y_pre = np.concatenate((y_pre, X_test[:, -6:]), axis=1)
inv_y_pre = scaler.inverse_transform(inv_y_pre)
inv_y_pre = inv_y_pre[:,0]
# 对真实数据进行逆缩放
y_test = y_test.reshape((len(y_test), 1))
inv_y = np.concatenate((y_test, X_test[:, -6:]), axis=1)
inv_y = scaler.inverse_transform(inv_y)
inv_y = inv_y[:,0]
# 计算均方根误差
rmse = np.sqrt(mean_squared_error(inv_y, inv_y_pre))
print('测试集均方误差为：%.3f' % rmse)
```

输出结果如下。

```
测试集均方误差为：0.573
```

（8）显示预测数据，代码如下，输出结果如图 10-10 所示。

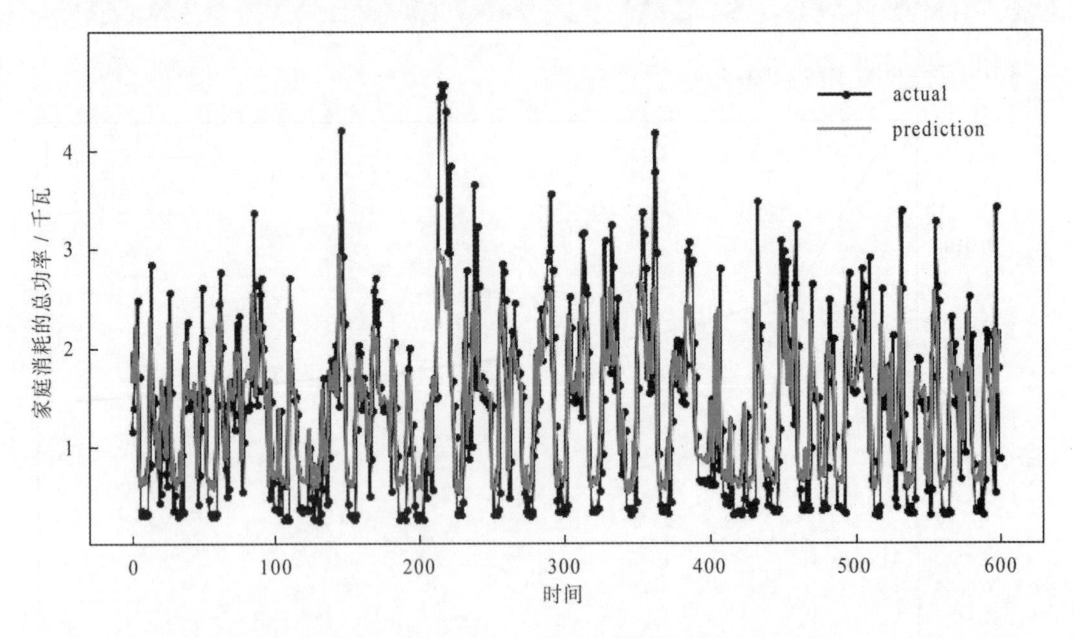

图 10-10 真实值和预测值

```
aa=[x for x in range(600)]
plt.figure(figsize=(8,4))
plt.plot(aa, inv_y[:600], marker='.', label="actual")
plt.plot(aa, inv_y_pre[:600], 'r', label="prediction")
plt.ylabel('家庭消耗的总功率（千瓦）', size=10)
```

```
plt.xlabel('时间', size=10)
plt.legend(fontsize=12)
plt.show()
```

学习评价

任务评价表

任务名称	任务详情	评价要素	分值	评价主体		
				学生自评	小组互评	教师点评
了解家庭用电量预测步骤	熟知家庭用电量预测中每一步的意义、关键点	熟知程度	10			
搭建家庭用电量预测环境	安装好相关的库、包	是否安装	20			
数据集预处理	数据空值、异常值处理	是否处理	30			
完成家庭用电量预测系统	设定、训练模型，并使用训练好的模型进行测试	误差	40			

参考文献

Reference

[1] 金华，李瑞华．自然语言处理：实战与应用 [M]. 北京：清华大学出版社，2020.

[2] 张博，高阳，汪洋．TensorFlow 2.0 深度学习开发实战 [M]. 北京：电子工业出版社，2019.

[3] 王朝．TensorFlow. JS 实战：移动端深度学习与 AI 技术实践 [M]. 北京：清华大学出版社，2021.